良好农业规范（GAP）栽培指南系列丛书

大棚甜瓜良好农业规范栽培指南

赵学平　王　强　张宏军　主编

U0257390

中国农业出版社

北京

编写人员名单

主　　编：赵学平　　王　强　　张宏军

副主编：张跃建　　戴　芬　　袁善奎　崔海兰

编　　者：赵学平　　王　强　　张宏军　张跃建　戴　芬
　　　　　袁善奎　崔海兰　寿伟松　安雪花　吴声敢
　　　　　宋　雯　孙彩霞　徐明飞　张志恒　吴长兴
　　　　　苍　涛　胡秀卿　俞瑞鲜　陈丽萍　江云珠

前　言

　　甜瓜是我国重要的经济作物，在促进农民快速增收和满足人民日益增长的生活需求方面发挥了巨大作用。我国是世界甜瓜生产与消费第一大国，甜瓜产量一直保持世界第一。随着我国城乡经济发展和居民生活水平的提高，甜瓜在种植业中的地位也越来越重要，并将继续为农业可持续发展做出贡献。根据农业农村部统计，2019年全国甜瓜播种面积39.37万hm^2，总产量1 355.7万t。从产业布局来看，甜瓜形成了华东、中南、西北三区鼎立的格局。

　　目前，甜瓜产供环节的安全管控体系与技术相对薄弱，为此编者在农业部（现农业农村部）公益性行业项目（201303088）"农产品产供安全过程管控技术研究与示范"的支持下，进行了甜瓜安全生产管控技术研究，并取得了一定进展，结合参阅的国内外相关文献，编著完成了《大棚甜瓜良好农业规范栽培指南》。本书以甜瓜生产的良好农业规范为主线，系统介绍了甜瓜栽培管理技术，内容力求农民能懂、能用，从而开展构建适用的安全质量保障体系。

　　值本书出版之际，我们谨向本书中参考其资料的专家和学者们表示诚挚的谢意。

　　由于编者水平有限，时间仓促，书中不足之处在所难免，恳请读者批评指正。

编　者

2021年2月

目 录

第五章　病虫害防治

甜瓜良好农业规范

良好农业规范（good agriculture practices, GAP）是农产品质量安全控制的保障体系，主要针对未加工和经简单加工出售给消费者和加工企业的大多数农产品的种植、采收、清洗、包装和运输过程中常见的污染物危害控制，包含从农场到餐桌的整个食品链的所有步骤。

一、甜瓜良好农业规范生产对产地环境的要求

产地环境是作物安全生产的重要保证，《无公害农产品 种植业产地环境条件》（NY/T 5010）规定了无公害农产品种植对产地选择、环境空气、灌溉水及土壤环境等的要求，甜瓜可参照此标准选择产地环境。

1.土壤环境

甜瓜生产基地应选在生态环境良好、无污染物影响或污染物水平控制在允许范围内的农业生产区域。生产区域内、水源上游及上风向，应没有对产地环境构成威胁的污染源。生产基地应具备甜瓜生产所必需的条件，交通方便、排灌水方便、土壤质地良好。NY/T 5010规定了产地土壤环境的质量安全要求，见表1-1。

表1-1 甜瓜产地环境土壤环境质量要求

项目	风险筛选		
	$5.5 < pH \leqslant 6.5$	$6.5 < pH \leqslant 7.5$	$pH > 7.5$
总镉（mg/kg）	0.30	0.30	0.60

（续）

项目	风险筛选		
	5.5＜pH≤6.5	6.5＜pH≤7.5	pH＞7.5
总汞（mg/kg）	1.8	2.4	3.4
总砷（mg/kg）	40	30	25
总铅（mg/kg）	90	170	170
总铬（mg/kg）	150	200	250

2.生产用水

甜瓜的生产用水主要是灌溉用水，质量安全要求应符合表1-2的规定。

表1-2　灌溉水质量要求

	项目	限值
基本指标	pH	5.5 ~ 8.5
	总汞（mg/L）	≤0.001
	总镉（mg/L）	≤0.01
	总砷（mg/L）	≤0.05
	总铅（mg/L）	≤0.2
	铬（六价）（mg/L）	≤0.1
选择性指标	氰化物（mg/L）	≤0.5
	石油类（mg/L）	≤1
	化学需氧量（mg/L）	≤60
	挥发酚（mg/L）	≤1
	全盐类（mg/L）	≤1 000
	粪大肠菌群（每100mL，个）	≤1 000

3. 环境空气

《环境空气质量标准》（GB 3095）关于环境空气的质量要求见表1-3。

表1-3　环境空气质量要求

项目	浓度限值 [μg/m³（标准状态）]		
	年平均	24h平均	1h平均
二氧化硫	60	150	500
二氧化氮	40	80	200
一氧化碳		4 000	10 000
颗粒物（粒径≤10μm）	70	150	
颗粒物（粒径≤2.5μm）	35	75	
总悬浮颗粒物	200	300	
氮氧化物	50	100	250
铅	0.5		
苯并 [a] 芘	0.001	0.002 5	

注：年平均指一个日历年内各日平均浓度的算术平均值；24h平均指任何一个自然日24h平均浓度的算术平均值；1h平均指任何1h污染物浓度的算术平均值。

二、我国甜瓜安全限量标准

根据我国《食品安全国家标准　食品中农药最大残留限量》（GB 2763—2021）的规定，有关甜瓜的农药限量标准有157个，其中甜瓜有13个，甜瓜类水果有35个，瓜果类水果有109个（表1-4至表1-6）。

表1-4　甜瓜的农药最大残留限量（MRL）标准（mg/kg）

农药名称	MRL	农药名称	MRL	农药名称	MRL
阿维菌素	0.02	代森锌	3	甲氨基阿维菌素苯甲酸盐	0.02
苯醚甲环唑	0.5	啶虫脒	0.2	氯虫苯甲酰胺	1*

（续）

农药名称	MRL	农药名称	MRL	农药名称	MRL
吡虫啉	0.1	噁霉灵	1*	氯氟氰菌酯和高效氯氟氰菊酯	0.1
丙森锌	3	呋虫胺	0.2	四氟醚唑	0.1
虫酰肼	2				

注：*该限量为临时限量。

表1-5　甜瓜类水果中有关甜瓜的农药最大残留限量（MRL）标准（mg/kg）

农药名称	MRL	农药名称	MRL	农药名称	MRL
百菌清	5	甲霜灵和精甲霜灵	0.2	噻苯隆	0.05
保棉磷	0.2	腈苯唑	0.2	噻虫啉	0.2
苯霜灵	0.3	抗蚜威	0.2	噻虫嗪	0.5
吡唑醚菌酯	0.5	克菌丹	10	杀线威	2*
吡唑萘菌胺	0.15*	喹氧灵	0.1	虫螨脲	0.4
代森联	0.5	螺虫螨酯	0.3*	双炔酰菌胺	0.5*
敌螨普	0.5*	氯苯嘧啶醇	0.05	四螨嗪	0.1
啶酰菌胺	3	氯吡脲	0.1	戊菌唑	0.1
氟苯脲	0.3	氯化苦	0.05	戊唑醇	0.15
氟吡呋喃酮	0.4*	醚菌酯	1	溴螨酯	0.5
氟噻虫砜	0.3*	灭菌丹	3	抑霉唑	2
甲硫威	0.2*	氰霜唑	0.09		

注：*该限量为临时限量。

表1-6　瓜类水果中有关甜瓜的农药最大残留限量（MRL）标准（mg/kg）

农药名称	MRL	农药名称	MRL	农药名称	MRL
胺苯磺隆	0.01	甲基对硫磷	0.02	三唑酮	0.2
巴毒磷	0.02*	甲基硫环磷	0.03*	杀虫脒	0.01

（续）

农药名称	MRL	农药名称	MRL	农药名称	MRL
百草枯	0.02*	甲基异柳磷	0.01*	杀虫畏	0.01
倍硫磷	0.05	甲氰菊酯	5	杀螟硫磷	0.5
苯并烯氟菌唑	0.2*	甲氧滴滴涕	0.01	杀扑磷	0.05
苯菌酮	0.5*	久效磷	0.03	霜霉威和霜霉威盐酸盐	5
苯酰菌胺	2	克百威	0.02	水胺硫磷	0.05
苯线磷	0.02	乐果	0.01	速灭磷	0.01
丙炔氟草胺	0.02	乐杀螨	0.05*	特丁硫磷	0.01*
丙酯杀螨醇	0.02*	联苯肼酯	0.5	特乐酚	0.01*
草甘膦	0.1	磷胺	0.05	涕灭威	0.02
草枯醚	0.01*	硫丹	0.05	戊硝酚	0.01*
草芽畏	0.01*	硫环磷	0.03	烯虫炔酯	0.01*
敌百虫	0.2	螺虫乙酯	0.2*	烯虫乙酯	0.01*
敌草腈	0.01*	氯苯甲醚	0.01	烯酰吗啉	0.5
敌敌畏	0.2	氯磺隆	0.01	消螨酚	0.01*
地虫硫磷	0.01	氯菊酯	2	硝苯菌酯	0.5*
丁硫克百威	0.01	氯氰菊酯和高效氯氰菊酯	0.07	辛硫磷	0.05
毒虫畏	0.01	氯酞酸	0.01*	溴甲烷	0.02*
毒菌酚	0.01*	氯酞酸甲酯	0.01	氧乐果	0.02
对硫磷	0.01	氯唑磷	0.01	乙酰甲胺磷	0.02
多杀霉素	0.2*	茅草枯	0.01*	乙酯杀螨醇	0.01
二溴磷	0.01*	咪唑菌酮	0.2	抑草蓬	0.05*
粉唑醇	0.3	嘧菌环胺	0.5	茚草酮	0.01*
氟虫腈	0.02	灭草环	0.05*	蝇毒磷	0.05
氟除草醚	0.01*	灭多威	0.2	增效醚	1
氟啶虫胺腈	0.5*	灭螨醌	0.01	治螟磷	0.01
氟啶虫酰胺	0.2	灭线磷	0.02	艾氏剂	0.05

（续）

农药名称	MRL	农药名称	MRL	农药名称	MRL
氟噻唑吡乙酮	0.2*	灭蝇胺	0.5	滴滴涕	0.05
氟唑菌酰胺	0.2*	内吸磷	0.02	狄氏剂	0.02
格螨酯	0.01*	嗪氨灵	0.5*	毒杀芬	0.05*
庚烯磷	0.01*	氰戊菊酯和S-氰戊菊酯	0.2	六六六	0.05
环螨酯	0.01*	噻螨酮	0.05	氯丹	0.02
活化酯	0.8	三氟硝草醚	0.01*	灭蚁灵	0.01
甲胺磷	0.05	三氯杀螨醇	0.01	七氯	0.01
甲拌磷	0.01	三唑醇	0.2	异狄氏剂	0.05
甲磺隆	0.01				

注：*该限量为临时限量。

三、甜瓜良好农业规范生产基本原则

1.农产品可追溯管理制度的要求

可追溯性是GAP的核心，追溯包括了从产品到农场，从农场到消费者的双向过程。建议记录产品生产过程、产品批号。生产记录至少保存至甜瓜上市后2年以上。甜瓜生产可追溯性体系应确保有以下内容：

（1）甜瓜生产过程的可追溯的记录。

（2）保管生产、流通及销售者的记录。

（3）已销售的甜瓜可追溯至其生产地。

2.甜瓜品种的选择要求

应选用抗病虫害的品种。

消毒种子用的农药应为甜瓜生产上登记的农药，并记录相关信息，如使用人、农药名称（商品名）、生产商、使用日期、使用量、使用方法等。

3.栽培前土壤管理要求

甜瓜生产区域应有生产布局图，所有相关农业耕作活动均应有记录。各个区域应有唯一性名称、代码或颜色等，并在生产布局图上标明。

农场应有土壤耕作图。栽培时，应有近3年的土壤成分分析数据。

采用水培等非土壤栽培时，应有近3年的水源水质分析数据。

利用农药等化学品消毒土壤时，记录消毒事由及实施内容，应使用已登记农药。

至少每2年检测一次土壤肥力水平。根据检测结果，有针对性地采取土壤改良措施。采用温室、地膜覆盖等甜瓜生产技术时，应制订相应的管理规程，并应有详细的生产管理记录。

应制订农场的轮作制度和栽培计划。

4.农业投入品的管理

应制订农业投入品采购管理控制规程，选择合格的供应商，并对其合法性和质量保证能力等方面进行评价。

采购农业投入品应有相关有效的产品登记、产品质量和使用说明等方面的信息。应保存采购的相关文件资料。

农业投入品仓库应清洁、干燥、安全，并配备通风、防潮、防火、防爆、防虫、防鼠和防鸟等设施。

不同种类的农业投入品应分区域存放，并清晰标识。危险品应有危险警告标识。

应建立和保存农业投入品的库存目录，并定期更新。

应有专人管理，并有相应的进出库记录。

应制订农业投入品在使用及存放时发生意外的处理程序。

用于轮作的植保产品应与用于甜瓜生产的植保产品分开存放。

仓库应有防止渗漏的设施，以免污染环境。

5.肥料使用

根据土壤状况、甜瓜种类和生长阶段以及栽培条件等因素，选择肥料类型，制订科学合理的施肥方案。

施用肥料以有机肥为主，其他肥料为辅。

禁止使用工业垃圾、医院垃圾，以及未经处理的污水污泥、城市生活垃圾和人的粪尿；允许施用经充分腐熟，达到无害化、符合相关标准的肥料。

应遵循培肥地力、改良土壤、平衡施肥、以地养地的原则，科学、平衡、合理施用肥料，提高肥料利用率和降低肥料对种植环境的影响。

施用《中华人民共和国肥料管理条例》许可的肥料，应建立和保存肥料使用记录，主要内容包括：肥料名称、生产商、类型及数量、施用肥料日期、施肥地点、施肥机械的类型、施肥方法、操作者姓名等信息。

需要器械辅助施用肥料时，应合理操作器械并对施肥器械定期进行检查和维护。

使用完毕的施肥器具、运输工具和包装用品等，应严格清洗或回收。

肥料保管场要通风良好、无漏雨，与农产品、农膜等分开保管，与农药分不同场所保管。

6.农药使用

应根据国家有关法律法规的规定，合理选择农药品种，保存所用农药清单，制订农药安全使用规程。

应有农药配制的专用区域，并有相应的设施。

应根据农药品种及使用技术的要求，合理选用农药施用器械，施药完后必须洗净后保管。应定期对农药施用器械进行检查和维护并记录。

技术人员应严格按照农药安全间隔期操作。

应建立农药使用记录，主要内容包括：甜瓜品种、种植位置、种植面积、防治对象、使用日期、农药使用量、施用器械、施用方式、农药名称、生产厂家、安全间隔期、操作者姓名及天气情况等信息。

7.灌溉管理

甜瓜栽培时，应有灌溉用水的水质分析数据。分析机构应具有国家资质认证。灌溉用水水质应符合《无公害农产品　种植业产地环境条件》（NY/T 5010−2016）。

定期监测水质。选择有资质的检验机构至少每年进行一次灌溉用水中微生物、化学和物理污染物的监测，并保存相关检测记录。

对检测不合格的灌溉用水，应采取有效的治理措施使其符合要求或改用其他符合要求的水源。

根据甜瓜品种和种植方式等选择科学、有效、安全的灌溉方式（如浇灌、喷灌、滴灌、加肥灌溉等）。

建立灌溉操作记录，包括地块名称、甜瓜品种名称、灌溉日期、用水量、操作者姓名等信息。

8.垃圾及有害物质管理

生产地周围产生的所有垃圾应清理干净。

避免重金属、化学物质、环境激素等环境污染物质流入农田或污染农用水及洗涤水。

农药残液和施药器械的清洗液，不得随意泼洒，可喷在行道树上。

不允许重复使用农药包装物，应将包装物妥善收集、安全存放，进行标识，并集中处理，保存相关处理记录。废弃和过期的农药应按国家相关规定处理。

9.农户的健康、安全及福利

应制订紧急事故处理程序、防护服和防护设备的使用维护管理程序。

编制简明易懂的有关紧急事故应对知识宣传单。

每个甜瓜生产区域至少应配备1名受过急救培训，并具有急救处理能力的人员。

应为从事特种工作的人员（如施用农药等）提供完备的防护用品（如胶靴、防水服、防护连体服、胶手套、面罩等）。

所有防护服和保护设备均应单独存放于通风良好的地方。

必要时，制订"来访人员卫生程序和要求"，悬挂于显著位置。

在农药存放和配制区域，应配备洗眼设施、干净的水源、完备的急救箱等。

有潜在危险的区域应有固定、清晰、易读的标识。

10.环境问题

生态保护区、水资源保护区等环境保护区必须慎重选用农用化学品。

11.人员管理

应根据生产需要配备相应的管理人员、技术人员和田间操作人员等。

管理人员：管理人员应由受过一定教育，富有农业生产经验，具有农学、植保及相关专业的中专以上学历的人员担任；管理人员负责生产质量管理和过程控制，负责制订甜瓜生产计划、实施方案等。

技术人员：技术人员应由具备农学、植保等基本常识，受过一定教育或经过相关培训后具有一定资质的人员担任；技术人员负责制订甜瓜生产操作规程、验收农业投入品、实施病虫害预测与综合防治，制订施药、施肥、采收后化学处理等方案。

田间操作人员：从事田间甜瓜生产的人员应受过生产技术、安全及卫生知识培训；掌握甜瓜种植技术、农药施用技术及安全防护知识。

12.培训

应对所有人员进行卫生安全基本知识培训。

从事甜瓜生产关键岗位、危险岗位及操作复杂设备的人员（如质检员、植保员、仓库管理员等）应进行专门培训，培训合格后方可上岗。

应建立档案，保存所有人员相关能力、教育和专业资格、培训、技能等记录。

甜瓜生物学特性

甜瓜（*Cucumis melo* L.），又称香瓜、果瓜、哈密瓜，是葫芦科黄瓜属一年生匍匐或攀缘草本植物。果实香甜，含有蛋白质、糖类、胡萝卜素、维生素 B_1、维生素 B_2、烟酸、钙、镁、磷、铁等营养物质，还含有可以将不溶性蛋白质转变成可溶性蛋白质的转化酶。甜瓜以鲜食为主，也可制作果干、果脯、果汁、果酱及腌渍品等。世界十大水果中，甜瓜居第9位，中国、土耳其、伊朗、美国和西班牙的生产量分别位居前5位。

一、形态特征

1. 根

属直根系，由主根、多次分级的侧根和根毛组成。主要根群分布在 $0 \sim 30cm$ 的表层土壤中。甜瓜根的好氧性强，含氧量需在10%左右；发育早、再生力弱；主根生长快，子叶时主根达15cm，4片真叶时主根达24cm以上，伤根后恢复慢；根系易木栓化，需避免伤根，应适当早定植；具一定的耐盐碱能力，可在土壤 pH $6.0 \sim 8.0$ 下种植，pH 为 $6.0 \sim 6.8$ 的沙壤土最适宜。厚皮甜瓜的根系较薄皮甜瓜粗壮发达，耐旱、耐瘠薄和适应性更强。

2. 茎

草本蔓性，分枝能力强，分主蔓、子（侧）蔓和孙蔓。主蔓是由子叶间顶芽原生长点长成的茎蔓，子（侧）蔓是由主蔓腋芽萌发而成的茎蔓，孙蔓由子蔓腋芽萌发而成的茎蔓。节间除着生叶柄外，在叶腋着生有幼芽、卷须和雌花或雄花。侧枝生长旺盛，往往超过主蔓，因而需整枝。

3.叶

叶为单叶，互生，无托叶。叶形大多为圆形或肾形，少数为掌形、心脏形等。叶厚0.4～0.5mm，长宽8～20cm，叶柄长8～15cm。叶片全缘或有浅锯齿，正背面均有刺毛。叶色随生长发育逐渐变深，从黄绿-绿-浓绿-暗绿变化。同一品种不同节位叶片大小、形状有差异，同一品种不同生态条件下叶片形状有差异。功能叶位于坐瓜节位以上4～6片，坐瓜节位以下第13～14片。生长到30d时光合作用最强，功能叶可维持45～50d，管理好的可维持70d。果实生长期，通过植株调整，增加功能叶的数量和维护功能叶是栽培中的重要问题。

4.花

花腋生，基数为5，即萼片5，花瓣5，基部联合；雄花5药、3组，雌蕊3枚；子房下位，子房的形状和大小多种多样，有圆形、椭圆形、纺锤形、卵圆形、短圆柱形、长柱形等。属雌雄同株异花植物。雄花全是单性花，雌花大多为两性花。雄花3～5朵簇生或单生，在枝蔓所有叶腋处均有着生；雌花多数单生，多着生在子蔓、孙蔓上。虫媒花，自花或异花授粉均能结实。

5.果实

果实为瓠瓜，由花托和子房发育而成，可分为果皮和种腔两部分。果皮由外果皮、中果皮、内果皮构成。中果皮、内果皮由富含水分和可溶性糖的大型薄皮细胞组成。种腔形状有圆形、三角形、星形等，三心皮一室，种腔充满瓤籽。厚皮甜瓜可食部分为中果皮、内果皮，薄皮甜瓜可食部分为整个果皮和胎座。

果实大小：一般厚皮甜瓜重 1 ～ 5kg，薄皮甜瓜重 200 ～ 500g。含有蔗糖、葡萄糖、果糖等。厚皮甜瓜的可溶性固形物一般在 12% ～ 16%，高的达 20% 以上；薄皮甜瓜在 8% ～ 12%，高的达 15% 以上。

甜瓜果形：扁圆形、圆形、近圆形、高圆形、短椭圆形、椭圆形、长椭圆形、长棒形等。

果皮颜色：光皮类皮色有白色、乳白色、绿白色、黄色、绿黄色、金黄色、绿色、墨绿色、黑色等及其他特殊特征（如果面有绿斑、棱、污点等）。网纹类底色有白色、绿白色、绿色、灰绿色、墨绿色、黑色、黄色、金黄色等；网纹有细、中粗、粗、密、中密、稀，均匀、疏等。

果肉颜色及质地：果肉色有乳白色、白色、浅绿白色、绿白色、绿色、浅绿黄色、绿黄色、粉红色、浅橙色、橙红色、红色等；质地有硬、脆、粉、酥软、软、面等。

种子：通常 1 只瓜有 100 ～ 500 粒种子。种子由种皮、子叶、胚 3 部分组成，不含胚乳。种子扁平，有披针形、卵圆形、芝麻粒形等，颜色黄色、褐色或红色等。薄皮甜瓜种子小，千粒重为 9 ～ 20g；厚皮甜瓜千粒重可达 30 ～ 80g。属长寿型种子。

二、对环境条件的要求

1. 温度

（1）**品种类型对温度的需求。**甜瓜生育的有效积温为 15℃ 以上的温度。早熟品种生育期 95d 以下，有效积温为 1 800 ～ 2 000℃。中熟品种生育期 100 ～ 115d，有效积温为 2 200 ～ 2 500℃。晚熟品种生育期 115d 以上，有效积温为 2 500℃ 以上。

（2）**不同生长期对温度的需求。**生长发育适温为日温 25 ～ 30℃，夜温 16 ～ 18℃，长期低于 13℃、高于 40℃ 对生长发育不良。13℃ 时生长停滞，10℃ 以下停止生长，7.4℃ 时发生冷害。发芽期厚皮甜瓜适温为

25 ~ 35℃，薄皮甜瓜25 ~ 30℃，15℃以下不发芽。幼苗生长期适温为20 ~ 25℃。果实发育期适温为30 ~ 35℃。

（3）**昼夜温差**。茎叶生长期适温为10 ~ 13℃。果实发育期适温为12 ~ 15℃。

2.光照

（1）**光饱和点**。光饱和点5.5万 ~ 6万lx，补偿点0.4万lx。

（2）**光合成量**。上午70% ~ 80%，下午20% ~ 30%。

（3）**日照**。日照时长10 ~ 12h，长日照有利于生长发育。早熟品种一般1 100 ~ 1 300h；中熟品种1 300 ~ 1 500h；晚熟品种1 500h以上。

对光照时数和光照度的要求，厚皮甜瓜>薄皮甜瓜。厚薄皮甜瓜（厚皮×薄皮）具有耐弱光特征。

3．水分

甜瓜生长发育要求较低的空气湿度和较高的土壤湿度。

（1）**空气湿度**。厚皮甜瓜要求空气干燥，适宜的空气相对湿度（RH）为50% ~ 60%。土壤水分适宜时，可忍受30% ~ 40%甚至更低的空气相对湿度；空气相对湿度长期高于70%以上，影响光合作用等代谢活动且易诱发病害。

开花前对较高的空气湿度适应力较强，坐果后对高湿的适应力迅速减弱。

（2）**土壤水分**。不同生育时期对土壤水分的要求差别很大。播种、定植时要求土壤水分含量较高；苗期至开花期，土壤最大持水量应为60% ~ 70%；果实膨大期，土壤最大持水量应为80% ~ 85%；果实停止膨大至采收或成熟期，土壤最大持水量55%。

大棚栽培厚皮甜瓜低产劣质的主要原因是温度低和土壤水分含量较高、空气湿度高。当果实停止膨大、开始转甜时，如逢大雨，土壤水分含量迅速增高，此时由于植株抗性已下降，常导致土传病害、生理性病害发生，使果实不能正常成熟，或品质不良等。

4.矿物质营养

氮、磷、钾的吸收比率为30 ∶ 15 ∶ 55，生产上施用量一般是其吸收量的3倍、8倍和2倍。每亩*标准施肥量为氮12.5kg，磷（P_2O_5）4.2kg，钾（K_2O）7.3kg。

5.土壤

对土壤要求不严格。适于根系生长的土壤pH为6 ~ 6.8。当pH在7 ~ 8的碱性条件下，仍能正常生长发育。

甜瓜适宜生长在土层深厚、有机质丰富、肥沃而通气良好的壤土、沙壤土，土壤固、气、液三相各占1/3，含氧量10%以上。除氮、磷、钾三要素外，对钙、镁、硼等元素较敏感。适宜pH为6.0 ~ 6.8，偏酸易发枯萎病、蔓枯病。总盐量在0.615%以下为宜。

---

* 亩为非法定计量单位，1亩＝1/15hm² ≈ 667m²。——编者注

第三章

甜瓜分类及主要栽培品种

一、分类

二、主要栽培品种

一、分类

甜瓜分类方法众多，一般把栽培甜瓜分为硬皮甜瓜、网纹甜瓜、菜瓜、薄皮甜瓜、越瓜、柠檬瓜、冬甜瓜、观赏甜瓜等。按生态学特性，我国通常又把甜瓜分为厚皮甜瓜与薄皮甜瓜两种。主要栽培品种可分为以下几类。

厚皮光皮类：西薄洛托2号、蜜天下、玉姑、三雄5号、翠雪5号、翠雪7号等。

厚皮网纹类：夏蜜等。哈密瓜有东方蜜1号、黄皮9818、西州蜜25号等。

薄皮甜瓜类：日本甜宝、白梨瓜、青皮绿肉、温州白啄瓜、舟山小白瓜、登步黄金瓜等。

厚薄皮类：黄子金玉、丰甜1号等。

二、主要栽培品种

1.西薄洛托2号

甜瓜杂交新品种。该品种叶片小、叶色浅绿，叶面细毛多，气孔大，主枝粗壮，节间短，植株生长势旺盛，较抗蔓枯病和白粉病，不早衰，坐果率高，从开花到成熟36～40d，不落蒂，单株结瓜3～4个，一般单果重0.6～1.0kg，果实呈球形（图3-1）。

2. 蜜天下

植株生长强健。果实高圆形（图3-2），果皮淡绿白，单果重1.5kg，果肉淡绿色，肉厚，软肉，中心可溶性固形物含量14%～17%。果实生育期40d左右，早熟，抗病，适合保护地栽培。

图3-1 西薄洛托2号

图3-2 蜜天下

3. 玉姑

植株长势较强。果实高圆形（图3-3），果皮绿白、果肉绿白，单果重1.5～2kg，软肉，中心可溶性固形物含量16%左右。果实生育期38d左右。耐蔓枯病，秋季易发枯萎病，适合保护地栽培。

图3-3 玉 姑

4. 三雄5号

长势中等偏强，耐低温，抗性强。正常春季栽培坐果后35d左右成熟。果形高圆形（图3-4），单果重1.2kg左右，果皮深黄，表皮光滑，外观极其美观。坐果性好，成熟不落蒂。果肉白色，肉质爽脆，中心可溶性固形物含量16%左右，耐贮运。

5. 翠雪5号

植株生长势中等。果实椭圆形

图3-4　三雄5号

（图3-5），果皮白色，单果重0.9～1.2kg，果肉白色，中心可溶性固形物含量15%～17%，肉质细脆，品质优异。果实生育期40～45d。抗白粉病，耐蔓枯病，抗高温，不耐闷湿，商品性好，耐贮运。适合春、秋季和越夏保护地栽培。

图3-5　翠雪5号

6.翠雪7号

植株蔓生，生长势较强，叶片较大；果实发育期35～38d，为早熟厚皮甜瓜新品种。单果重1.5kg以上，果实椭圆形（图3-6），成熟时果皮光滑、乳白色；果肉白色，近蒂部一点红，中心平均折光含糖量16%以上，肉质口感松脆，味好纯正，品质优良；田间抗性较强。

图3-6　翠雪7号

7.夏蜜

植株生长势强。果实高球形（图3-7），果皮墨绿色，栽培条件好时，果面覆有不规则细纹，单果重通常在1.3～1.6kg，果肉绿白色，中心可溶性固形物含量15%～18%，肉质脆并具粉质，品质优良。果实生育期40～46d。抗性好，易种植，商品性好，耐贮运，适合春季和秋季保护地种植。

图3-7　夏　蜜

8.东方蜜1号

植株长势中等。果实椭圆形（图3-8），白皮带细纹，单果重1.5kg左右，果肉橙红色，肉厚4cm左右，肉质松脆、细腻、多汁，中心可溶性固形物含量16%左右，口感风味极佳。果实生育期40～45d。综合抗性好，容易坐果，适合于保护地栽培，北方也适于露地栽培。

图3-8　东方蜜1号

9.黄皮9818

植株生长势强，果实椭圆形（图3-9），黄皮，中粗中密较均匀的网纹；单果重0.8～1.6kg；果肉橘红色，有清香，肉厚2.7～3.8cm，肉质脆沙，口感风味好，耐贮运。中心可溶性固形物含量13.2%～14.9%。果实生育期45d。抗逆、抗病性较强，坐果容易，整齐度好。在我国保护地栽培及海南反季节（10月至翌年4月）露地栽培均可。

图3-9　黄皮9818

10.西州蜜25号

中熟甜瓜，植株长势较强，叶片较大；果实发育期50d左右，果实椭圆形（图3-10），浅麻绿、绿道，网纹细密全，单果重1.5～2.4kg，果肉橘红，肉质细、松、脆，爽口，风味好，中心平均折光含糖量可达17%～18%，较抗病，适合早春、秋季保护地栽培。

图3-10　西州蜜25号

第四章

甜瓜栽培技术

一、育苗

甜瓜通常采用自根苗，为克服连作障碍，生产上通常嫁接栽培。为获得优质甜瓜苗，采用设施育苗十分必要。甜瓜移植后适应力弱，根系受伤后，不易再生新根。因此，为减少定植时的根部损伤，提倡盆栽育苗。

1. 育苗前的准备

（1）**苗床选址。**选择排水良好、背风向阳、未种过甜瓜的田块。

（2）**床土准备。**育苗用的土需采用疏松透气、肥沃、无病菌、无虫卵、无杂草种子、保水保肥能力强、移栽时不易破碎的营养土。最佳的床土是将有机物和土对半混匀，也可使用市售的通透性与保湿性好的营养土。

①营养土配制。可以用1m³土壤（稻田土）加充分腐熟的猪粪50kg（或充分腐熟的饼肥10kg），加12%过磷酸钙（或硫酸型三元复合肥）2～2.5kg，堆置1个月以上。注意土肥要充分混合，以免土肥不均造成烧苗。猪粪比较安全，如选择鸡粪则必须减少用量，以防止烧苗。当前市售的有机复混肥种类很多，建议未掌握特性前，不要盲目使用。

②营养土消毒。每立方米营养土用50%多菌灵可湿性粉剂100g加水20～30kg喷洒后，混拌均匀，堆置，并盖薄膜密闭5d后揭膜，再搅拌一次，使药味充分散发（图4-1至图4-3）。

图4-1 拌 土

图4-2 消 毒

图4-3 揭 膜

（3）**苗床修建**。育苗期温度管理非常关键，可采用大棚＋中棚＋小拱棚的形式，并铺设电热线。

大棚或中棚内育苗，苗床宽1.2～1.5m，挖低于土面10～15cm的槽式床，整平后，铺一层地膜，在地膜上铺5cm厚的木屑、稻壳或稻草，然后再铺一层地膜，按间距5～6cm铺设电热线，并在电热线上撒1.0～1.5cm厚的细土，使线不外露，整平踏实，防止电热线移位。苗床周边可用泡沫做保护墙，墙高4～5cm。见图4-4、图4-5。

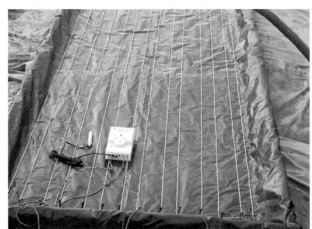

图4-4　铺设电热线

图4-5　苗　床

（4）**营养钵排放**。采用直径9～10cm、高10cm的营养钵，营养土过筛后装入营养钵中。营养钵排放应高低一致，紧密齐整。搭建小拱棚，在小拱棚上覆盖塑料大棚膜，加盖草帘或无纺布，有条件的可在小拱棚上按间距60cm、高40cm安装40W白炽灯若干（图4-6、图4-7）。

图4-6 营养钵排放

图4-7 补 光

2.浸种、催芽

（1）**浸种**。种子浸种前，选择晴天，在太阳光下晒种1d后，把种子放入50～55℃温水中浸泡15～20min，并不断搅动，使其受热均匀，再放入1 000倍的高锰酸钾药液中浸泡30min后，用清水洗净，放入冷水中浸泡4～6h。

（2）**催芽**。浸好的种子，捞起沥干水，在保湿条件下（用湿毛巾或湿纱布包好），放在28～30℃恒温设备中催芽，如无恒温设备，可将种子用湿毛巾包裹后放入塑料袋（袋口放开），再隔着贴身内衣随身放着催芽。24h后检查种子，发现露白种子及时拣出，放在15℃容器中保湿，待80%以上的种子露白时即可播种。

3.播种

播种前营养钵浇水、预热。播种前1～2d，用洒水壶将营养钵浇透水，一般采用二次浇水法，第1次浇透水后，待水分渗透后，间隔2～3h再浇1次。浇透水后，小拱棚盖上塑料膜，苗床通电预热加温，控温器温度调至25℃左右。

播种时，将种子平放或斜放在营养钵中间小孔内，芽朝下，均匀地覆盖一层1cm厚的粗细适中的盖籽土。盖籽土配方：30%多菌灵·福美双可湿性粉剂20g加土30kg，比例相当于1：1 500；或用50%多菌灵可湿性粉剂500g加细土100kg，盖好土后及时用温水（15～20℃）轻浇一遍（图4-8）。

图4-8 播 种

盖土浇水后，及时在营养钵表面平铺一层覆盖物（如地膜），盖上小拱棚膜和草帘或无纺布等覆盖物后，通电加温。

甜瓜播种至发芽，苗床温度维持30℃，发芽后温度（昼/夜）为22℃/18℃。以南瓜作为砧木时，砧木应在甜瓜展开第1片真叶时开始播种，即甜瓜播种后第7天。砧木的苗床温度：发芽前25℃，发芽后温度以20～23℃/15～18℃为佳。

4.苗床管理

（1）温度管理。电热温床内温度通过控温器根据育苗期的不同阶段和天气状况来调节，具体操作如下。

①播种至出苗。土温控制在30℃左右，昼夜加温，一般2～3d即可顺利出苗。10%～30%萌芽出土后需及时揭除覆盖物（图4-9）。

图4-9　出　苗

②出苗后至第1片真叶前。要求低温管理，出苗后及时揭除平铺地膜，晴天逐步通风散湿，适当降低床温，白天棚温控制在20～25℃，夜间床温15℃左右，晴天白天不必加温（图4-10）。

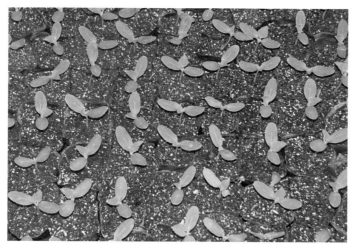

图4-10　一片真叶苗

③第1片真叶长出后。白天棚温控制在25℃左右，夜间床温可调高至21℃，以减少病害发生。

④第1片真叶展开后。白天棚温控制在22～25℃，夜间床温控制在15℃左右。此期若无强冷空气，晴天温度较高时，昼夜可不加温，如遇到连续阴雨天气，床温可降低至12～13℃。

⑤移栽前1周为炼苗阶段。在保证床温不低于12℃的前提下，切断电源，放风炼苗，提高瓜苗素质，使幼苗逐渐适应定植环境的温度条件。

（2）**水分管理。**苗床水分掌握"前促后控"原则，并保持营养钵内下层土潮湿。营养钵内的土上干下潮属正常。钵中心土干燥时可在晴天上午浇水，掌握次少量多、一次浇透的原则。水温必须与大棚内的温度相近，这一点非常重要，如果用冷水浇，会出现僵苗现象。可先把水置于大棚内预热或用温水浇。

出苗后到第1真叶出现时，要严格控制浇水。第1真叶出现后到第3真叶出现前，随着通风量的增加和幼苗真叶的展开，视钵体干湿进行适量浇水。通常在晴天的上午浇水。水要浇在钵体上，尽可能不浇湿苗叶，浇后待植株表面和土表水渍干后再进行盖膜。苗床一般不浇水，如出现床土落干现象，应及时浇水，床土一旦缺水，幼苗会生长缓慢，真叶变小。

（3）**光照、通风管理。** 苗床保持良好的光照是培育壮苗的关键。在保持苗龄各阶段适宜温度的前提下，改善苗床的光照条件，要尽量多揭膜，要早揭、晚盖覆盖物，即使在阴天情况下白天也应揭膜，以增加苗床的光照时间。

苗床通风可与苗床温度管理结合进行。当苗床内温度达到所需温度时，就应揭开薄膜降低温度。同时，通过揭膜通风换气，降低湿度，有利于控制病害。

（4）**苗期病虫害防治。** 苗期主要病虫害有猝倒病和蚜虫。防治猝倒病，每千克种子可以用11%精甲·咯·嘧菌悬浮种衣剂2.54g拌种，子叶展平时用66.5%霜霉威盐酸盐水剂5～7g/m²苗床浇灌；防治蚜虫可用10%氟啶虫酰胺水分散粒剂1 000倍液或70%啶虫脒水分散粒剂7 500倍液防治。

5.嫁接

（1）**嫁接目的。** 利用砧木品种抗性预防土传病害，如枯萎病等。在低温等逆境条件下，甜瓜不易生根，采用抗性砧木嫁接可以使苗的根系发育旺盛，增强嫁接苗的根系吸水、吸肥能力。

（2）**砧木的选择。** 通常选用南瓜或野生甜瓜作为砧木。但甜瓜对砧木的专化性要求较高，为提高嫁接亲和力、减少嫁接后对甜瓜品质的影响，不同品种、季节在大面积应用嫁接苗前应提前做嫁接苗应用试验，试验成功后才能大面积应用于生产。

（3）**嫁接方法。** 常用的嫁接方式有插接、靠接等。采用南瓜等苗茎粗壮的砧木品种嫁接采用顶插接法；采用野生甜瓜作砧木嫁接采用靠接法（改良方法称单子叶贴接法）。

嫁接前准备：检查砧木苗盘是否有缺株、病株、弱株等，用健康大小一致的苗补齐，并进行苗期病虫害预防1次。准备嫁接刀、嫁接针、嫁接夹、育苗盘架等工具，并用75%的乙醇喷雾或蒸汽高温或紫外灯照射消毒15min以上；嫁接刀、刀片、嫁接针等每嫁接1盘就用75%乙醇消毒1次，嫁接台、育苗盘架等在密闭无人空间采用紫外灯照射消毒。嫁接操作当天宜采用"底吸式"提前给穴盘基质浇一半水或浇足水后沥到不滴水时备用。

播种时间：根据嫁接方法及定植计划倒推安排播种时间，较实生苗育苗提前5～10d播种砧木种子。利用南瓜作为砧木采用顶插接法嫁接时，砧木的播种时间较接穗提早4～6d，以接穗芽出，子叶略展开时，砧木已有1片1心时嫁接为佳。利用甜瓜本砧嫁接时，厚皮甜瓜接穗播种较砧木迟2～3d，薄皮甜瓜接穗较砧木早播1～2d。

采用甜瓜本砧嫁接一般采用单子叶贴接法。在砧木子叶下0.8～1cm处呈30°～45°由下向上斜切一刀，切除砧木的一片子叶及生长点，然后在接穗苗子叶以下3cm处由上向下呈30°～45°斜切一刀，并将砧木与接穗的切面贴合，用嫁接夹夹住贴接口（图4-11）。

图4-11　单子叶贴接法

采用南瓜砧嫁接一般采用顶插接法。瓜类砧木高6～7cm，1叶1心时，接穗苗出土子叶张开30°即可嫁接。取接穗由子叶节下15～25mm处斜向下削成3～6mm长的单斜面待用；砧木去除顶芽，然后用与接穗下胚轴（茎）粗细形状差不多的单斜面（斜面长3～6mm）嫁接针，由砧木一侧子叶基部斜向下往另一子叶方向插深5～8mm，插洞不透茎表皮为宜；拔出嫁接针，迅速将接穗斜面向下插入，并用手轻按使其接触紧密。斜面与嫁接针的斜面吻合，接穗子叶展开后与砧木子叶呈"十"字正交叉（图4-12）。

图4-12　甜瓜顶插接法

6.嫁接后管理

嫁接前应浇足水，嫁接至嫁接后的7d禁止上部浇水，如基质干燥，采用"底吸式"补水，嫁接伤口切忌沾水。嫁接后的苗应及时移入浇湿的苗床中。嫁接后光线直射易引起接穗凋萎，需盖遮阳网遮光，并密闭拱棚保证嫁接床的湿度，即遮光保湿。靠接砧木15d左右，拿掉嫁接夹。

温度：甜瓜嫁接后的1～3d内，严格控制室内温度，白天温度介于25～28℃，夜间温度介于18～22℃；7d后，白天温度应介于22～25℃，夜间温度介于14～18℃，以利于嫁接苗伤口的快速愈合及嫁接苗成活后尽快恢复生长。为创造有利于嫁接苗生长的小气候，可以在苗畦上加盖塑料小拱棚，白天揭、晚上盖，保温控温。

湿度：每嫁接完一盘，就立即放回有薄膜罩的育苗盘架上罩好保湿，一个育苗盘架放满后立即送入愈合室，按序摆放。愈合时间3～4d，相对湿度95%～100%。愈合3d后可将苗整架推出，轻轻转移至小拱棚覆盖的苗床，按天逐步增加通风量，7～10d后转入正常育苗管理。无愈合室的基地嫁接后应立即放回密闭小拱棚控制接近饱和湿度保湿3～4d；4d后，清晨、傍晚少量通风，以后逐渐增加通风时间和通风量，嫁接7～10d后，转入正常育苗管理。

光照：在愈合室愈合的，光照与温度管理配合，嫁接后1～3d，白天用LED灯光照射，时间分别为6h、8h、10h。在小拱棚愈合的，光照与温度管理配合，嫁接后1～3d，苗床密闭保湿，避免直射光照射；3d以后，由散射光逐渐增强光照、延长光照时间；7～10d后，转入正常光照管理。

其他：刚嫁接的苗移动中宜平缓，切忌抖动而使嫁接口裂开。嫁接后的7d禁止上部浇水，如基质干燥，采用"底吸式"补水，嫁接伤口切忌沾水。等嫁接伤口完全愈合后去除嫁接夹，一般在定植大田或大田缓苗期后去除嫁接夹。

7. 育苗注意事项

应选择排水良好、背风向阳的地块作为苗床；早春和春季育苗的苗床还应配有电源，以利于进行电热加温育苗；在大棚或中棚内育苗，苗床内不应进水。

营养土应选用水稻土表土（或前茬未种过瓜类、花生、茄果类蔬菜等的较肥沃的表土层），加5%～10%腐熟的猪粪混合堆置1个月以上，最好不要用鸡粪堆制。在用猪粪堆制的营养土中，每立方米土中加12%过磷酸钙2～2.5kg，没有加有机肥的营养土中，也可加2～2.5kg的三元复合肥，应选用含硫复合肥，不应选用含氯复合肥。

一般采用浸种催芽育苗，技术较好且有条件的可采用穴盘催芽小苗定植法。

营养钵浇水时，水温一定要接近营养土温度，切忌用冷水浇。

如采用冷床育苗，可用五膜一布覆盖。与大棚的多层覆盖同步。

附：穴盘育苗——小苗定植法

采用平底穴盘，在穴盘上平铺一层1.5～2.0cm的育苗专用基质（如藓类泥炭），再把浸好种的种子均匀地撒在基质上，后覆盖约2.5cm厚的基质，浇透水后，放在电热温床内，温控器调至30℃进行催芽，待10%种子的子叶顶出后，白天温度下调至22℃左右，夜间15℃。

待80%种子的子叶顶出基质后，白天中午育苗棚内温度达到15℃以上时，可进行小苗上钵定植。从穴盘中取小苗时，用手指或小木棒从穴盘的一边轻轻挖出，上钵定植时，要轻拿，在营养钵上挖一小孔，小苗定植时根系尽量不要卷曲，深度适中，定植后用温水轻浇一遍。浇水后及时盖上小拱棚膜和草帘或无纺布等覆盖物（图4-13）。

图4-13 穴盘育苗

二、栽培技术

甜瓜栽培模式主要有2种：爬地栽培模式和立架栽培模式。冬春季早熟栽培一般采用爬地模式，温度升高后爬地或立架均可。从栽培季节上可分为冬春季、春季、越夏和秋季4种栽培模式。

1.爬地栽培模式

（1）定植前的准备。

①土壤消毒。土壤还原消毒：6—9月，进行翻地、灌水，3d后1m²均匀撒1kg麦麸（或米糠），进行2～3次15～20cm翻耕，之后灌大水（水量为用手抓土，一捏后手指缝滴水），用农膜覆盖，密闭20d。处理后最好有3个晴天，以使土温升高。20d之后，除去覆盖的农膜，并翻耕1遍。

太阳能土壤消毒：清理田块，每亩施入腐熟栏肥1 000～1 500kg（或鸡粪500kg再加饼肥100kg）、熟石灰50kg，进行2～3次深至15～20cm的翻耕，耙碎，翻耕后，适量灌水。然后用地膜覆盖，利用夏、秋季高温与有机肥分解产生的能量进行土壤消毒。农膜覆盖时间要求为10～15d。揭膜后让土壤自然吸干水分，然后每亩撒施复合肥30～50kg和磷肥50kg，做畦。

农药处理消毒：主要用氰氨化钙、棉隆，在7—8月高温季节，每亩均匀撒施氰氨化钙50kg或棉隆20kg，结合施有机肥，翻耕整地，土壤水分含量达60%左右，用农膜覆盖10d以上，揭膜后灌水翻耕，水自然吸干后做畦。

土壤应急消毒：秋季生产结束后揭去大棚薄膜，深翻冻土，雨淋或灌水洗盐，在瓜苗定植前15～30d，施好底肥，做好畦后，扣大棚膜，每亩用70%敌磺钠可溶粉剂0.75kg（配成600倍液）加40%辛硫磷乳油1 000倍液均匀洒浇畦面，闷棚，定植前5～7d通风，通风2～3d后，覆盖地膜。

生石灰消毒：每亩用生石灰100kg，翻地后撒施于地面，灌水消毒。可中和土壤酸性，补钙。

连续2年以上种植甜瓜后，可种一季水稻，实施水旱轮作制，有利于土壤消毒，可减轻大棚作物病害的发生。

②整地、做畦。定植前15～30d，在晴天将土壤翻耕耙匀，全棚深翻30cm，结合深翻，施入基肥（图4-14）。

图4-14　整　地

一般要求畦宽2.8～3m，也可一个大棚做整畦处理。畦长可根据田块长度而定（图4-15）。

多层覆盖。用0.014mm厚的地膜进行全棚覆盖（图4-16），并搭好内大棚与小拱棚，盖好多层膜，进行预热。

图4-15　做　畦　　　　　　　　　　图4-16　覆地膜

多层覆盖采用五膜一布的方式，在大棚内搭一个中棚和2个小拱棚，覆盖大棚膜与中棚膜各一层，在2个小拱棚上盖农膜，选择无纺布或草帘，地面铺膜之前铺设水带（图4-17）。

图4-17　多层覆膜

（2）**定植**。

①移栽时间。一般在1月下旬至2月中旬移栽，地表下10cm的地温稳定在12℃，气温15℃以上，晚上高于7℃时定植。

②定植密度。每亩定植600～800株。

③定植方法。定植前2～3d开定植穴，密度为株距40～50cm，小行距30cm。如土壤太干燥，先浇适量的定植水。定植前1～2d，苗床内营养钵浇透水。

定植前2d，钵苗叶面喷雾75%百菌清可湿性粉剂800倍液，或50%咯菌腈可湿性粉剂4 000倍液，加0.2%～0.3%磷酸二氢钾（或其他叶面营养液）。

选生长一致，叶色深绿，茎秆粗壮，具3～4片真叶，侧根较多的适龄壮苗。选择在晴天或多云天气的上午、中午进行浅定植，钵土比地面高出1cm左右，钵土四周空隙处用细土填满，但不要在露出地面的钵土上特别是茎四周覆土，以防损伤根茎，确保茎基部土壤干燥（图4-18）。

图4-18　定　植

定植后如土壤干燥，浇1次定根水，然后用细土围苗，若土壤较潮湿，则不必浇水。浇好水后，多层覆盖，用农膜做好门帘，密封保温保湿。

（3）**大棚管理。**

①幼苗管理。栽后10d内以保温为主，严密覆盖大棚，保持小棚内30～35℃。10d后，晴天注意通风降温，上午小棚内温度达30℃时，在背风处通风，逐步增加通风口，午后小棚内最高温度不超过35℃，下午小拱棚温度降至30℃左右时逐步关闭通风口，阴天和夜间以覆盖保温为主。

②棚温调控。

a.定植至缓苗期。密闭棚膜，高温高湿促发新根缓苗，棚温在30℃以上。

b.缓苗至伸蔓期。棚温控制在30～35℃，超过35℃时，看苗通风。苗小时揭大棚膜，内层拱棚膜不揭；苗大时揭拱棚膜，大棚膜不揭。通风时应在避风面揭膜，在棚通风口处用旧膜做好"窗帘"。

c.初花至坐果期。温度控制在25℃，随温度升高，逐渐加大通风口。

d.坐果后。棚温提高至30～35℃，促进果实肥大。在糖分积累至成熟，晴天夜间可不关通风口，加大昼夜温差。

拱棚与中棚随瓜蔓伸展温度升高，由拱棚到中棚分次拆除。

③整枝。采用双蔓整枝（图4-19）。4片真叶时，主蔓摘心，子蔓15cm以上时，选留2条子蔓，一般为2～3节的侧蔓，除去其余子蔓，当2条子蔓长至60cm以上并具有9张以上大叶，7节以下孙蔓一次性去掉，8～12节长出孙蔓，留1个结果蔓，进行1叶摘心。

图4-19　整　枝

整枝作业需在晴天进行。整枝时用食指抵住子蔓拇指按住孙蔓，往下轻轻一压，即可摘除，切忌用指甲摘掐，也尽量少用剪刀。

（4）**留果**。第1批瓜选留子蔓上8～11节位的孙蔓上着生的雌花坐果；第2批瓜选择子蔓18～22节前后的孙蔓上着生的雌花坐果。

第1批单株留果2～4只，第2批单株留果2～4只。单株共留瓜4～8只。

（5）**授粉、激素保瓜**。早春温度比较低、雨水多、光照少，自然坐果率极低，可用氯吡脲辅助授粉；天气好、气温高时也可采用人工授粉，人工授粉或激素保果后，挂好牌子，注明日期（图4-20）。

图4-20　辅助授粉

2.立架栽培模式

（1）**做畦和定植**。栽培密度一般1 100～1 600株/亩。定植前1个月土壤翻耕耙匀、做畦。一般采用高畦栽培，畦宽1～1.2m，沟宽0.4～0.5m，沟深25cm，畦面略呈弧形高畦。如8m宽的大棚，做畦4行，单蔓整枝每畦种植2行（图4-21）。

图4-21　定　植

撒施基肥，做畦后，浇透底水，用70%敌磺钠可溶粉剂400～600倍液和40%辛硫磷乳油1 000倍液杀菌杀虫，扣大棚膜闷棚消毒后盖地膜。

定植前苗上喷广谱性杀菌剂，一般可用百菌清、甲基硫菌灵等。定植前1d，营养钵应浇透水，防止定植时苗土散裂。

小拱棚和大棚均应在定植前提早安置好，提前盖好农膜，以提高地温；大棚一般应在定植前半月，小拱棚应在1周前设置完毕。定植前5～7d铺好地膜（黑色或双色地膜）。

（2）**温光管理**。缓苗前白天温度宜控制在30～35℃，夜间15℃以上，缓苗后至坐果前适当通风增加光照；开花坐果期夜温在18～20℃，坐果后白天在28～30℃，延长通风时间；膨果后白天棚内温度控制在35℃以内，夜间在18～20℃。

（3）**整枝技术**。

①采用单蔓整枝的，在12～15节处留结果子蔓坐瓜，对苗龄长的老化苗，以及定植后生长不良的还应适当延后节位。如采用双层坐瓜结果的，在20节以上再留结果子蔓。

②11节前侧枝全部除去，当12节以上长出结果子蔓时，选留3个苗壮的子蔓，每个结果子蔓留二叶摘心（即结果子蔓的第一雌花前留一叶摘心），同时摘除顶心，使每条主蔓上有25片真叶左右，雌花开放时进行人工授粉或放养蜜蜂传粉（图4-22）。

图4-22 整枝

③当果实发育到3～4cm（鸡蛋大小）时，进行疏瓜，每蔓选留果形端正、发育匀称的果实1个，其余摘除。

④整枝坐果期间的植株管理，需反复进行多次，前期基部侧枝不宜过早摘除，以免抑制发根，当长到5cm时再行除去；坐瓜期间主蔓及果枝的顶芽要及时摘除，有利于坐果；疏瓜定瓜以后，还要除去新萌发的余叶，但上部侧枝、侧芽不要全部除去，使之留有1个新枝，以便有若干新叶，防止植株早衰，但要及时摘心，不使其生长过旺（图4-23）。

⑤春季立架双层留瓜，第1层瓜坐瓜后约15d，相隔10片真叶时开始坐第2层瓜。主蔓28～30片真叶摘心（图4-24）。

图4-23　定　果

图4-24　摘　心

（4）**浇水及通风。**缓苗时需足量水分，生长期间只需1～2次，往往在定植缓苗后，天气好时浇水，促使其生长；在疏果定瓜后10d左右结合追肥浇水促使果实发育，其他时期不必考虑浇水（在沙地上可多浇1～2次）。

甜瓜喜干燥、耐高温、忌湿热，无论是低温潮湿还是高温潮湿，均要加强通风；在干燥的情况下，早春应注意保温，促使其生长；坐果期间天气转暖，如过分密闭，温差小，对坐果和果实发育均不利。

坐瓜膨大结束后（25～30d），可用0.3%磷酸二氢钾或其他叶面肥喷施2次，结合防病，每次间隔5～7d。

三、灾害对策

1.水害对策

甜瓜对土壤的适应范围广，根分布在地表0～30cm。土壤水分含量变化大的土壤，易出现发酵果，因此水分管理极为重要。

选择无积水危害、无河水泛滥危害的地块；大棚栽培时，为避免外部雨水流入棚内，设置深20cm以上的排水沟。

果实膨大期，有5h以上积水也可影响果实甜度、硬度等品质，产量也减少约33%。因此，进行设施栽培时，做好排水工作极为重要。

2.风和雪害对策

风速和积雪量与设施大棚安全性有关。搭建大棚时，应事先了解该区域的瞬间最大风速和最大积雪量，避免后期灾害。一般瞬间最大风速35m/s以上时，应具备强风应对措施。积雪过多会导致大棚倒塌。因此，应根据瞬间最大积雪量搭建安全坚固的栽培设施。

一般搭建大棚的最佳地块是东南方向为敞开、西北方向为可挡强力西北风的地块。

适应自然灾害的大棚模型可选用以下两类大棚：一是宽4.8m，高2.3m，橡条间距为80cm，侧高为1.1m，外径32mm×1.5mm无缝钢管；可抗风速为17.4m/s，积雪量为9.5cm的灾害。二是宽7.5m，高3.9m，橡条间距为70cm，侧高为1.6m，外径32mm×1.5mm无缝钢管；可抗风速为23.8m/s，积雪量为17.8cm的灾害。

3.低温对策

最低温度在15℃以上，南部地区要设通风隧道。隧道宽1.5m，间隔60～80cm设钢丝，覆盖0.03mm×240cm的透明塑料，可起保温作用。

病虫害防治

病虫害的发生严重影响甜瓜的产量与品质，应采取综合防治配套措施，以达到经济、安全、有效的防治效果。

一、病虫害防治的基本原则

应制订甜瓜病虫害防治技术规程，并采用安全有效的综合防治措施预防或控制甜瓜病虫害的发生。优先选用农业防治、物理防治、生物防治等方法。必要时，采用化学防治将病虫害控制在经济损失允许水平之下。此外，同时保存实施病虫害防治的相关记录。

1.农业防治

因地制宜选用抗（耐）病优良甜瓜品种。使用脱毒无病种苗，不使用带有枯萎病、黄萎病、青枯病、炭疽病等各种土传性病害的种苗。合理布局，实行轮作以及良好的施肥和灌溉技术，降低病虫源基数，减少病虫害发生。实行水旱轮作或土壤熏蒸处理，减少土传病害的发生。采用地膜覆盖和膜下滴灌技术，大棚实行适当通风等措施，保持甜瓜地上部环境的清洁和较低的湿度，营造不利于甜瓜病虫害发生的环境条件。对甜瓜进行日常检查和病虫害预测预报。收获后深耕，借助自然条件，如太阳能、太阳紫外线等进行土壤消毒。

2.物理防治

利用害虫的趋性，如色板诱杀、防虫网、灯光诱杀等方法，以及人工捕杀，减轻害虫的危害。采用机械或人工方法防除杂草。

3.生物防治

利用捕食螨、七星瓢虫、寄生蜂等天敌防治害虫，昆虫性诱剂诱杀蛾类等成虫。选择对天敌毒性低的农药，创造有利于天敌生存的环境条件。允许有条件地使用生物源农药，如微生物源、植物源和动物源农药。

4.化学防治

防治药剂应选择已登记的农药产品，如无登记药剂，宜选择《绿色食品 农药使用准则》（NY/T 393）推荐或者经过科学评估的低风险农药品种，严格按标签使用，掌握施药剂量、浓度、次数和安全间隔期，提倡交替轮换使用不同作用机理的农药品种及合理混用。禁止使用国家禁限用农药品种。

二、农户施用农药时需遵守的规定和注意事项

1.农户施用农药时必须遵守的事项

遵守《中华人民共和国农药管理条例》。

施用农药者必须进行有关农药安全使用的教育培训。

记录所有使用过的农药，记录内容：施用者、农药名称、生产厂家、施用量、施用日期、病虫害名称、总施用次数、收获前日期等。

对于出口的农产品，不使用进口国禁用的农药。

不用未登记的农药。

2.农户施用农药时推荐遵守的事项

遵守农药标签上注明的注意事项。

防治同一种病，每季最多使用不超过2种农药。

施用器械要清洁。

施用混配农药时，确认标签里是否有可混配标志，及准确计算混配量。

农药残液处理，避开作物栽培地，避免污染地下水和地表水。

病虫害防治时农户推荐遵守的事项：防护服与农药分开保管；农药施用者须穿着防护服，确保安全。

3.农户存放与管理农药时必须遵守的事项

农药存放场所应防止结冰与发生火灾等，与其他物品隔离存放，并避光保存，不要存放在儿童可触的地方。

农药与收获的农产品分开存放。

有效期已过的农药应禁用，并返还给商家，农药商家妥当回收处理。

备置发生农药污染或农药事故时可用的器具。

已用过的农药空瓶子不能再利用，要及时回收处理。

4.农户存放及管理农药时推荐遵守的事项

农药存放场所里备置称量农药的适当器具。

备置急救电话号码、最近急救地点的电话和位置、急救对策事项等，并放置在最易看到的位置。

使用后剩余的农药，放回原包装盒里，方便后续使用。记录好库存农药。

三、侵染性病害及防治措施

1.病毒病

（1）**症状**。病毒种类不同，症状也有所不同；同种病毒因栽培环境、品种等的不同，也会表现出不同症状。甜瓜病毒病的症状主要有3种类型：第1种是心叶出现明脉，后发展为花叶或深绿色病斑、畸形，干旱时病叶缩小，瓜蔓失去结果能力。第2种是黄化型，在叶片上初为褪绿黄斑，后转为斑驳花叶，叶片变黄、变厚，叶脉突出，叶缘呈锯齿形，株形矮缩，节间短。第3种是坏死型，叶片上产生系统的不规则的坏死褪绿斑点和条斑，严重时植株矮化（图5-1）。

甜瓜病毒病病原较多，主要有黄瓜花叶病毒（cucumber mosaic virus，CMV）、西瓜花叶病毒（watermelon mosaic virus，WMV）、黄瓜绿斑驳花叶病毒（cucumber green mottle mosaic virus，CGMMV）。

图5-1　病毒植株和瓜果

（2）传播途径。

①黄瓜花叶病毒与西瓜花叶病毒通过蚜虫、烟粉虱等害虫传毒。

②黄瓜绿斑驳花叶病毒通过种子、土壤首次感染，发病后可经汁液传播。

（3）防治方法。

①黄瓜花叶病毒与西瓜花叶病毒可施用防治蚜虫、烟粉虱的农药，务必使用已登记农药，遵守《农药合理使用准则》。

②为预防黄瓜绿斑驳花叶病毒发生，播种前可进行种子干热处理，在50℃条件下处理1d后，在70℃条件下处理4d，防止种子传毒。

2.细菌性青枯病

（1）症状。该病属于细菌性病害，主要危害维管束，保护地和露地均有发生。发病后，顶部嫩叶首先出现暗绿色病斑，叶片仅在中午萎蔫，早、晚尚可恢复。该病扩展迅速，仅3～4d整株茎叶全部萎蔫，且不能复原，叶片逐渐凋萎干枯，造成全株死亡。横剖维管束，用手挤压切口处可见大量细菌脓溢出，不同于枯萎病。

（2）**病原及发生规律**。病原为瓜萎蔫欧氏杆菌 [*Erwinia tracheiphila* (Smith) Bergey et al.]，属于细菌，25℃左右为发病适温。

病菌可通过灌溉水、雨水、带菌土壤和害虫传播，主要从根部伤口侵入，也可从茎基部侵入，果实可通过气孔、伤疤等被感染。土壤偏酸、适温高湿、排水不良条件下青枯病易发生。在灌水或雨季易发病，通常加温的温室不易发病。

（3）**防治方法**。清除病害叶片和藤，做好土壤水分及温湿度调节。外界气温升高后换气，干燥栽培。不易排水的地方，覆盖稻草、塑料膜等降低湿度。连续雨天时，雨停后进行药剂防治。发病初期若未及时防治，后期则较难防治，田间发现病株尽早拔除。生产上常用的青枯病防治药剂及安全施用间隔期见表5-1。

表5-1　生产上常用的青枯病防治药剂及安全施用间隔期

农药名称	用药量	施用方法	每季最多施用次数	安全间隔期
3%中生菌素可湿性粉剂	37.5～50mg/kg	灌根	3～4次	—
20%噻菌铜悬浮剂	300～700倍液	喷雾	3次	14d
20%噻森铜悬浮剂	400～666.7mg/kg	灌根或茎基部喷雾	3次	14d
10亿CFU/g多黏类芽孢杆菌可湿性粉剂	500～1 000g/亩	灌根	3次	—

3.白粉病

（1）**症状**。主要危害叶片，严重时也危害叶柄和茎蔓。叶片发病，初期在叶正面、背面出现白色霉斑，逐渐向四周扩展呈白色近圆形斑块，条件适宜时，多个病斑相互连接，使叶面覆满一层白粉状物。随病害发展，病斑颜色逐渐变为灰白色，后期偶有在粉层下产生黑色小粒点（即病原菌闭囊壳），最后病叶枯黄坏死（图5-2）。

图5-2　甜瓜白粉病

（2）**病原及发生规律**。主要病原是苍耳叉丝单囊壳菌 [*Podosphaerafuliginea xanthii* (Castagne) U. Braum et Shishkoff]。分生孢子梗圆柱形或短棍状，不分枝，无色，有2～4个隔膜，其上着生分生孢子。分生孢子串生于分生孢子梗上。分生孢子为单胞，无色，椭圆形或圆柱形，大小为（24～45）μm×（12～24）μm。有性阶段（*Erysiphe polygoni*）闭囊壳很少产生。

病原菌以菌丝体或闭囊壳在病害叶片和蔓藤上越冬，翌年以子囊孢子为初侵染源，后期病斑部位产生的分生孢子飞散，进行再侵染。

通常温暖高湿、过多施用氮肥植株生长过旺或者肥料不足植株生长不良时易发病。雨后立即转晴或持续少雨，但田间湿度大时，适宜孢子扩散，尤其高温干旱与高湿条件交替出现、叶片老化时，利于该病流行。在温室栽培地中因换气不足而易发病。

（3）**防治方法**。

①清洁田园。由于白粉病菌的子囊孢子较难在田间观察到，甜瓜收获后应彻底清理田园，病残体应带到田外集中处理。生长期及时除草，摘除病叶，并将杂草、残留物、病叶等带到田外集中销毁。

②田间管理。合理调整种植密度，科学整枝，以利于通风透光；加强肥水管理及温湿度调控，增强植物的抗逆性。保持科学灌溉，少施氮肥、增施磷钾肥，防止植物徒长。温室大棚栽培，要注意通风换气，控制湿度，降低温度。

③物理防治。白粉病发生初期，叶片上可看到小的白色斑点，可以选用0.9%蛋黄油喷雾防治。

④生物防治。发病初期选用枯草芽孢杆菌（1 000亿芽孢/g）可湿性粉剂1 000 ～ 1 500倍液喷雾防治。

⑤化学防治。甜瓜上登记的白粉病化学防治药剂及安全施用间隔期见表5-2，生产上常用的白粉病防治药剂及安全施用间隔期见表5-3。第1次施药后，当白色菌点变成灰色时，进行第2次施药，并仔细观察颜色变化。根据病情确定是否再用药。

表5-2　甜瓜上登记的白粉病化学防治药剂及安全施用间隔期

农药名称	防治适期	每亩制剂用药量	施用方法	每季最多施用次数	安全间隔期
4%四氟醚唑水乳剂	发病初期	67 ～ 100g	喷雾	3次	7d
300g/L醚菌·啶酰菌悬浮剂	发病前或发病初期	45 ～ 60mL	喷雾	3次	3d
1 000亿芽孢/g枯草芽孢杆菌可湿性粉剂	发病前或发病初期	120 ～ 160g	喷雾	3次	—

表5-3 生产上常用的白粉病防治药剂及安全施用间隔期

药名	每亩制剂用药量	施用方法	每季最多施用次数	安全间隔期
12.5%腈菌唑乳油	20～32g	喷雾	3～4次	5d
99%矿物油乳油	200～300g	喷雾	3～4次	—
50%醚菌酯水分散粒剂	15～20g	喷雾	3次	5d

4.霜霉病

（1）**症状**。甜瓜霜霉病多始于近根部的叶片，叶面上产生浅黄色病斑，沿叶脉扩展呈多角形，但与其他作物相比不明显。在连续降雨条件下，病斑迅速扩展或融合成大斑块，致叶片上卷或干枯，发病严重时，整片叶片干枯、整株枯死（图5-3）。

图5-3 甜瓜霜霉病

（2）**病原及发生规律**。病原为古巴假霜霉菌 [*Pseudoperonospora cubensis* (Berk. et curt.) Rostov.]，属卵菌门假霜霉属真菌。孢囊梗 1 ~ 2 枝或 3 ~ 4 枝从气孔伸出，长 165 ~ 420μm，多为 240 ~ 340μm，主轴长 105 ~ 290μm，占全长的 2/3 ~ 9/10，粗 5 ~ 6.5μm，个别 3.3μm，基部稍膨大，上部呈双叉状分枝 3 ~ 6 次；末枝稍弯曲或直，长 1.7 ~ 15μm，多为 5 ~ 11.5μm；孢子囊淡褐色，椭圆形至卵圆形，具乳突，大小为（15 ~ 31.5）μm×（11.5 ~ 14.5）μm，长宽比为（1.2 ~ 1.7）：1；以游动孢子萌发；卵孢子生在叶片的组织中，球形，淡黄色，壁膜平滑，直径 28 ~ 43μm。活体感染，孢子在土壤中越冬。

霜霉病通常在成株叶片上发病，气温适宜（10 ~ 25℃）、湿度高时易发病。霜霉病与定植时期有关，定植后 2 个月左右开始发病。大棚环境中，3月下旬至 4 月上旬开始发病，至 7 月中旬止，其中 5 月中下旬为发病高峰期。

（3）**防治方法**。在温室中创造适宜甜瓜生长而不利于病害发生的生态环境，从而抑制病害的侵染与传播，主要措施是控温、控湿和高温闷棚。上午使大棚温度尽快升到 32 ~ 35℃，可增强植株的光合作用。夜间温度，前半夜控制在 16℃ 以下，后半夜 13℃ 左右。浇水应在晴天上午进行，浇后马上闭棚升温至 32℃，持续 1h 后通风散湿。当温度降到 25℃后，关闭风口升温，反复 2 ~ 3 次，可有效减少当夜叶面形成水膜的面积。高温闷棚应选择晴天中午进行，密闭棚室将温度升到 45 ~ 46℃ 并保持 2h，以杀灭棚内病菌。为了防止甜瓜霜霉病的发生，每周可闷棚 1 次，闷棚后适当放风，放风量应先小后大。

霜霉病发病初期的防治极为重要，甜瓜上登记的霜霉病防治药剂及安全施用间隔期见表 5-4，生产上常用的霜霉病防治药剂及安全施用间隔期见表 5-5。

表5-4　甜瓜上登记的霜霉病防治药剂及安全施用间隔期

农药名称	每亩制剂用药量	使用方法	每季最多施用次数	安全间隔期
60%唑醚·代森联水分散粒剂	100 ~ 120g	喷雾	3次	7d

（续）

农药名称	每亩制剂用药量	使用方法	每季最多施用次数	安全间隔期
18.7%烯酰·吡唑酯水分散粒剂	75 ~ 125g	喷雾	3次	15d
687.5g/L氟菌·霜霉威悬浮剂	60 ~ 80mL	喷雾	3次	7d

表5-5　生产上常用的霜霉病防治药剂及安全施用间隔期

药名	每亩制剂用药量	使用方法	每季最多施用次数	安全间隔期
52.5%噁酮·霜脲氰水分散粒剂	23 ~ 35g	喷雾	4次	3d
100g/L氰霜唑悬浮剂	53 ~ 67g	喷雾	4次	7d
722g/L霜霉威盐酸盐水剂	60 ~ 100g	喷雾	3次	3d
35%烯酰·霜脲氰悬浮剂	40 ~ 60g	喷雾	3次	3d
50%烯酰吗啉可湿性粉剂	30 ~ 40g	喷雾	4次	3d
31%噁酮·氟噻唑悬浮剂	27 ~ 33mL	喷雾	3次	3d
10%氟噻唑吡乙酮可分散油悬浮剂	13 ~ 20mL	喷雾	2次	3d
40%氟吡菌胺·烯酰吗啉悬浮剂	30 ~ 45mL	喷雾	2次	2d

5. 猝倒病

（1）**症状**。该病是甜瓜生产中常见的苗期病害。幼苗出土前即可受害，幼苗染病初期，幼茎基部呈水浸状，绕茎扩展后病茎缢缩，随病情发展，引发幼苗成片倒伏。湿度大时，感染部位及病株其周围的土面上常长出一层白色絮状霉菌（图5-4）。

图5-4　甜瓜猝倒病

（2）**病原及发生规律**。病原为瓜果腐霉 [*Pythium aphanidermatum* (Eds.) Fitzp.] 和德巴利腐霉（*Pythium debaryanum* Hesse）。

德巴利腐霉菌丝直径约5μm，孢子囊球形至卵形，大小15～27μm。卵孢子球形，平滑，大小10～28μm。瓜果腐霉菌丝发达，直径2.8～7.3μm，孢子囊瓣状分枝，直径4～20μm，萌发产生泡囊，形成游动孢子。

病原菌常年生存于土壤中，通常在地表附近繁殖。植株外部感染部位很难用肉眼与其他病害分辨，因此需通过分离感染组织病原菌的菌丝或孢子鉴定病原。

该病主要发生在苗床，发生程度与湿度相关，一般低温高湿的温室里发病多。幼苗子叶中养分快耗尽而新根尚未扎实之前易发，本圃定植后发病较少。

（3）**防治方法**。苗床本身要求湿度高，调控苗床湿度控制猝倒病有一定困难。因此，播种用的营养土应进行干热灭菌或添加药剂后使用。在不影响幼苗生长的情况下，尽量少灌水，发现病苗，应立即拔除，避免病菌快速扩散。生产上常用的猝倒病防治药剂及安全施用间隔期见表5-6。

表5-6　生产上常用的猝倒病防治药剂及安全施用间隔期

农药名称	制剂用药量	使用方法	每季最多施用次数	安全间隔期
11%精甲·咯·嘧菌悬浮种衣剂	每100kg种子227～254g	种子包衣	1次	—
20%乙酸铜可湿性粉剂	每亩1 000～1 500g	灌根	2次	7d
40%五氯硝基苯粉剂	每亩5 666～6 666g	土壤处理	1次	—
66.5%霜霉威盐酸盐水剂	5～7g/m²	苗床浇灌	1次	—

6.疫病

（1）**症状**。本病主要危害茎、叶和果实。一旦发病则难以控制，以蔓茎基部及嫩茎节部发病较多。叶片染病初，生圆形水浸状暗绿色斑，扩展速度快，湿度大时呈水烫状腐烂（图5-5）。茎基部染病初，生椭圆形水浸状暗绿色斑，病部缢缩，呈暗褐色似开水烫过，其上部枝叶枯萎，严重时植株枯死，病茎维管束不变色。定植后的幼苗发病后出现叶片枯干、植株倒伏现象，这是根部腐烂的表现。生长后期的植株感染时整个植株腐烂。果实染病多始于接触地面处，形成暗绿色近圆形凹陷水渍状病斑，很快扩展到全果。病果皱缩软腐，表面长出灰白色稀疏霉状物。

图5-5 甜瓜疫病症状

（2）**病原及发生规律**。病原为称甜瓜疫霉（*Phytophthora melonis* Katsura.）异名*P.drechsleri* Tucker.，属卵菌门疫霉属。

甜瓜疫霉在马铃薯葡萄糖琼脂培养基（PDA）上培养，菌落灰白色，较稀疏，菌丝无隔透明，直径4～7μm，后期菌丝产生瘤状或节状突起，在PDA上一般不产生孢子囊。在果汁培养基上，菌落近白色，稀疏，产生孢子囊，孢子囊下部圆形，乳突不明显，有时也可看到少量孢子囊的乳突较高，可达4μm，大小（43～69）μm×（19～36）μm，新的孢子囊自前一个孢子囊中伸出，萌发时产生游动孢子，自孢子囊的乳突逸出；藏卵器近球形，直径18～31μm，无色，雄器围生；卵孢子球形，淡黄色，表面光滑，16～28μm。

该菌生长发育适温28～32℃，最高35～40℃，最低5～10℃。主要通过土壤传播。菌丝无隔膜透明，这与猝倒病和枯萎病不同。

地势低洼、多年连作的田块易发生，在排水不良、连续降雨、积水等环境下发病。通过雨水溅到叶片、茎、蔓传播。

（3）**防治方法**。高畦覆膜栽培，地表面不宜过湿，严格控制灌水，防止过量。使用土壤消毒剂或利用太阳热消毒都有效，但发过病的栽培地1～2年内不宜种植。及时摘除病果、病叶、病枝，或整株拔掉，集中销毁或深埋。生产上常用的疫病防治药剂及安全施用间隔期见表5-7。

表5-7　生产上常用的疫病防治药剂及安全施用间隔期

农药名称	每亩制剂用药量	使用方法	每季最多施用次数	安全间隔期
60%唑醚·代森联水分散粒剂	100 ～ 120g	喷雾	3次	7d
68%氟菌·霜霉威悬浮剂	60 ～ 75mL	喷雾	3次	7d
68%精甲霜·锰锌水分散粒剂	100 ～ 120g	喷雾	3次	7d
100g/L氰霜唑悬浮剂	53 ～ 67mL	喷雾	4次	7d
23.4%双炔酰菌胺悬浮剂	30 ～ 40mL	喷雾	3次	5d
18.7%烯酰·吡唑酯水分散粒剂	75 ～ 125g	喷雾	3次	15d

7.枯萎病

（1）**症状**。该病多发生在坐瓜后，侵染叶、茎和果实。发病初仅1个或2个蔓失水萎蔫，后引起整株萎蔫枯死，发病的蔓部分呈褐色。湿度高时，发病表面产生白色或红色霉状物。发病初期，植株叶片从基部向顶端逐渐萎蔫，中午明显，开始早晚可以恢复，几天后植株全部叶片萎蔫下垂，不再恢复。潮湿时根茎部呈水渍状腐烂（图5-6）。果实被感染时，症状与疫病很难区分。因此，

图5-6　甜瓜枯萎病

应在显微镜下观察菌丝和孢子后确证。

（2）**病原及发生规律。** 病原为尖镰孢菌甜瓜专化型 [*Fusarium oxysporum* (Schl.) f. sp. *melonis* (Leach et Currence) Snyder et Hansen]，在病害植株或土壤里越冬。病原菌接触根部24h后，进入根组织内迅速繁殖，产生毒素。

①在酸性土壤中发病重，弱碱性土壤中发病轻。

②氮肥过量易发病。

③连作、植株长势弱发病率高，且在地温25～28℃的环境下发病率最高。

④最早可在苗床上观察到病原菌。苗床温度低的部分比温度高的部分易发病。苗床温度过低时，病原菌的繁殖能力下降。

（3）**防治方法。**

①发病后避免连作。可栽培2～3年水稻后再种植甜瓜。

②有发病可能性时，早期覆盖塑料膜可防止病原菌传播。

③对于酸性土壤应使用消石灰，每亩100kg，调节土壤pH，既可抑制病菌，也可促进甜瓜生长。生产上常用的枯萎病防治药剂及安全施用间隔期见表5-8。

表5-8 生产上常用的枯萎病防治药剂及安全施用间隔期

农药名称	每亩制剂用药量	使用方法	每季最多施用次数	安全间隔期
0.5%氨基寡糖素水剂	400～600倍	喷雾	2～3次	—
2%春雷霉素可湿性粉剂	700～900g/亩	灌根	3次	4d
4%嘧啶核苷类抗菌素水剂	300～400倍	灌根	2次	7d
25%络氨铜水剂	400～600倍液	每株灌根200mL	3次	7d
25g/L咯菌腈悬浮种衣剂	每100kg种子400～600mL	种子包衣	—	—

8.蔓枯病

（1）**症状**。主要危害茎蔓，也可危害叶及果实。蔓节部最易染病。发病初期，在蔓节部出现浅黄绿色油渍状斑，病部常分泌赤褐色胶状物，然后变成黑褐色块状物，后期病斑干枯、凹陷，病部表面呈现蜡黄色，然逐渐变褐色或黑褐色，易碎烂，其上生出黑色小粒点，即病菌的分生孢子器（图5-7）。叶片染病，病斑初褐色，圆形或近圆形，其上微具轮纹。果实染病显浅褐色，染病部扩大，渐渐移至果实中央部位。

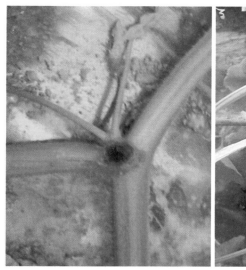

图5-7　甜瓜蔓枯病

（2）**病原及发生规律**。瓜黑腐小球壳菌 [*Mycosphaerella melonis* (Passerini) Chiu et Walker]，属子囊菌亚门真菌。无性态瓜叶单隔孢菌（*Ascochyta cucumis* Fautr. et Roum），属半知菌亚门真菌。瓜黑腐小球壳菌子实体生在叶表皮下，后半露，子座壁深褐色，子囊平行排列，子囊孢子无色，双胞常一大一小，分隔明显。分生孢子器埋生在寄主表皮下，球形至扁球形，褐色，大小为95 ～ 137.5μm；内壁密生简单的分生孢子梗，单孢无色，大小为（7.5～15.5）μm×（2.5～4）μm。器孢子有2种类型，分别是小型孢子，呈椭圆形或卵形，单胞无色，大小为（5.3～10.5）μm×（2.8～5）μm；大型孢子，呈椭圆形至长卵形，具1个隔膜，个别2～3个隔膜，隔膜缢缩，大小为（7.5～17）μm×（2.5～5.5）μm。该菌在马铃薯葡萄糖琼脂培养基上菌落初为白色，扩展后呈圆形，除边缘白色外，内丝暗黑色，气生菌丝稠密发达，白色至灰白色。该菌侵染哈密瓜、梨瓜、西葫芦、西瓜、籽西瓜等葫芦科植物。

①病原菌以子囊壳、分生孢子器、菌丝体潜伏在病残组织上留在土壤中越冬。在冬天至春天大棚栽培时，因温度高，土壤中的分生孢子进行初次侵染。植株染病后释放出的分生孢子借风雨传播进行二次侵染。气温为20～25℃、湿度高时病害急速扩散。

②雨天或浇水前后整枝，往往会促使发生蔓枯病，尤其在根颈上部、近节部等部位发生，先为水浸状，继而腐烂，流出红色胶状物，以后植株枯死。

③在露地栽培或连作大棚栽培时易发病。密植田藤蔓重叠郁闭或大水漫灌的发病重。低温多湿或肥料不足导致长势弱时也易染病。发病时间从育苗期到定植期的6月下旬为止，其中4月上旬发病最多。

（3）**防治方法**。

①选用抗病品种。

②采用高畦或起垄种植，严禁大水漫灌，采用在覆膜底下灌水，防止病害蔓延传播。

③合理密植，及时整枝、打杈，摘除老叶片，有利于通风，形成优良栽培环境，调节好湿度。

④选健康苗移植，彻底消除病株。

⑤进行种子消毒及土壤消毒，不宜连作。生产上常用的蔓枯病防治药剂及安全施用间隔期见表5-9。

表5-9　生产上常用的蔓枯病防治药剂及安全施用间隔期

农药名称	每亩制剂用药量	使用方法	每季最多施用次数	安全间隔期
325g/L苯甲·嘧菌酯悬浮剂	30 ～ 50mL	喷雾	3次	14d
22.5%啶氧菌酯悬浮剂	35 ～ 45mL	喷雾	3次	7d
35%氟菌·戊唑醇悬浮剂	25 ～ 30mL	喷雾	2次	7d
60%唑醚·代森联水分散粒剂	60 ～ 100g	喷雾	2次	14d
250g/L嘧菌酯悬浮剂	60 ～ 90mL	喷雾	3次	14d
10%多抗霉素可湿性粉剂	120 ～ 140g	喷雾	3次	7d
43%氟菌·肟菌酯悬浮剂	15 ～ 25mL	喷雾	2次	7d

9.炭疽病

（1）**症状**。发病初期生成小斑点，随后病斑扩大呈圆形或椭圆形，颜色逐渐变为暗色，后期破裂。茎和叶染病，病斑椭圆至长圆形，浅黄褐色或红褐色；果实染病，病部凹陷开裂，湿度大时溢出粉红色黏稠物。

（2）**病原及发生规律**。病原为圆孢炭疽菌（*Colletotrichum orbiculare Administrator*），属半知菌亚门真菌。病菌分生孢子盘成熟后突破表皮而外露。分生孢子梗无色，圆筒状，分生孢子长圆形，单细胞，无色，大小为（13 ～ 19）μm×（4 ～ 6）μm，分生孢子盘上长有很多刚毛，呈黑褐色，具1 ～ 3个分隔，长90 ～ 120μm。病原菌以菌丝形态生存于病株上，并在土壤中越冬，翌年在茎蔓和叶片上发病。种子或土壤中、农用工具上的病原菌越冬后发病。

病菌发病温度介于6 ～ 31℃。温暖（22 ～ 27℃）、潮湿（相对湿度85％ ～ 95％）的天气及种植环境有利于发病，连作地、酸性土壤、低湿地或偏施过施氮肥发病较重。孢子为黏稠状，不易飞散，但可借雨水或地面流水传播。在温室或拱棚的甜瓜发病少，露地栽培的甜瓜发病较多。

灌水过多或排水不良、连作、空气温度高、通风透光差的易发病。

（3）**防治方法**。

①种子消毒和土壤消毒，不宜连作。

②采用地膜覆盖和滴灌、管灌或膜下暗灌等节水灌溉技术，发病期间随时清除病瓜，垄中覆盖稻草，避免田间积水。大棚内应加强通风，尽量降低空气湿度，控制甜瓜炭疽病发生。生产上常用的炭疽病防治药剂及安全施用间隔期见表5-10。

表5-10 生产上常用的炭疽病防治药剂及安全施用间隔期

农药名称	每亩制剂用药量	使用方法	每季最多施用次数	安全间隔期
325g/L苯甲·嘧菌酯悬浮剂	30～50mL	喷雾	3次	14d
10%苯醚甲环唑水分散粒剂	50～75g	喷雾	3次	7d
22.5%啶氧菌酯悬浮剂	35～45mL	喷雾	3次	7d
75%肟菌·戊唑醇悬浮剂	10～15g	喷雾	3次	3d
60%唑醚·代森联水分散粒剂	80～120g	喷雾	2次	14d
250g/L嘧菌酯悬浮剂	1 250～2 500倍液	喷雾	3次	14d
43%氟菌·肟菌酯悬浮剂	15～25mL	喷雾	2次	7d
30%苯甲·吡唑酯悬浮剂	20～30g	喷雾	3次	14d

10.黑星病

（1）**症状**。收获初期在生长点附近柔弱的叶片、茎蔓或幼果染病。叶片上产生褐色污点，茎蔓和幼果上显暗黄色，染病中央部位先暗绿色，分泌出淡褐色汁液，产生深灰色霉菌，后变褐色至浅黑色斑点，最后病组织坏死，脱落而出现穿孔。茎蔓染病，生椭圆形至长圆形凹陷斑，上生煤烟状霉，即病原菌的分生孢子梗和分生孢子。果实染病，病斑初呈暗绿色，凹陷，表面密生烟煤状物，后期病部多呈疮痂状，常龟裂，商品价值低，造成经济损失。

（2）**病原及发生规律**。病原为疮痂枝孢霉（*Cladosporium cucumerium Ellis et Arthur*）。发病适温为15 ~ 17℃。育苗嫁接后开始发病，通过土壤、气流、农用器具传播蔓延，形成大量分生孢子，发病速度极快。

该病原菌以菌丝体或分生孢子丛在种子或病残体越冬，翌春分生孢子萌发进行初侵染和再侵染。持续低温雨天时最易发病。一旦发病，持续2 ~ 3年。无加温栽培的低温地区或通气不良的温室栽培区需特别注意预防黑星病。

（3）**防治方法**。茎的前端部或叶柄部最早显病状，因此发病初期易确认。发病初期喷施药剂控制病情，叶片卷缩后再施药防治效果差，将造成大部分果实的商品价值变低，导致经济损失。当子蔓和孙蔓的前端部严重染病、生长点枯死时，应剪掉病原部位。生产上常用的黑星病防治药剂及安全施用间隔期见表5-11。

表5-11　生产上常用的黑星病防治药剂及安全施用间隔期

农药名称	每亩制剂用药量	使用方法	每季最多使用次数	安全间隔期
400g/L氟硅唑乳油	7.5 ~ 12.5mL	喷雾	3次	3d
250g/L嘧菌酯悬浮剂	60 ~ 90mL	喷雾	3次	14d

11.细菌性角斑病

（1）**症状**。此病在甜瓜各生育期均可发生，主要危害叶片和果实。子叶受害呈水浸状近圆形凹陷斑，后变成黄褐色；真叶受害，初呈油浸状，逐渐变成淡褐色多角形至近圆形斑，边缘常有一锈黄色油浸状环，最后呈半透明状，干燥时破裂，空气潮湿时，病斑溢出浅黄褐色菌脓（图5-8）。果实染病，病斑呈油浸状，深绿色，严重时龟裂或形成溃疡，溢出菌液，病菌可向内一直扩展到种子，使种子带菌。

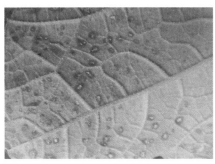

图5-8 细菌性角斑病

（2）**病原及发生规律**。病原为假单胞杆菌丁香假单胞菌黄瓜致病变种细菌 [*Pseudomonas syringae* pv. *Lachrymans*（Smith et Bryan）Young, Dye & Wilkie]。病菌菌体短杆状，可串生，大小为（0.7 ～ 0.9）μm ×（1.4 ～ 2.0）μm，极生1 ～ 5根鞭毛，有荚膜，无芽孢。革兰氏染色阴性，好气性菌。在肉汁陈琼脂培养基上菌落白色，近圆形，扁平，中央稍凸起，不透明，有同心环纹，边缘一圈薄而透明，菌落边缘有放射状细毛状物。

病菌在种子内或随病残体在土壤内越冬。通过伤口或气孔、水孔和皮孔侵入，发病后通过雨水、浇水、昆虫和结露传播。病菌生长温度1 ～ 35℃，发育适宜温度25 ～ 28℃，39℃停止生长，49 ～ 50℃致死。空气湿度高，多雨，或夜间结露多有利于发病。

（3）**防治方法**。

①选用无病种子，播前用50 ～ 52℃温水浸种30min后催芽播种。或选用种子重量的0.3%的47%春雷·王铜可湿性粉剂拌种。

②用无病土育苗，拉秧后彻底清除病残落叶与非瓜类作物进行2年以上轮作。

③合理浇水，防止大水漫灌，保护地应注意通风降湿，缩短植株表面结露时间，注意在露水干后进行农事操作，及时防治田间害虫。生产上常用的细菌性角斑病防治药剂及安全施用间隔期见表5-12。

表5-12　生产上常用的细菌性角斑病防治药剂及安全施用间隔期

农药名称	每亩制剂用药量	使用方法	每季最多施用次数	安全间隔期
77%氢氧化铜可湿性粉剂	150 ～ 200g	喷雾	3次	5d
2%春雷霉素水剂	140 ～ 175g	喷雾	3次	5d
50%王铜可湿性粉剂	214 ～ 300g	喷雾	3次	5d
3%中生菌素可湿性粉剂	95 ～ 110g	喷雾	3次	3d
40%喹啉铜悬浮剂	50 ～ 70mL	喷雾	3次	3d

12.根结线虫

（1）**症状**。主要危害根部，表现为侧根和须根较正常增多，并在幼根的须根上形成球形或圆锥形大小不等的白色根瘤，有的呈念珠状。被害株地上部矮小、生长缓慢、叶色异常，甚至造成植株死亡。

（2）**病原及发生规律**。病原为南方根结线虫（*Meloidogyne incognita* Chitwood），雌成虫梨形，长0.5mm左右，最宽幅为0.35mm。雄成虫多埋藏在土里或寄住在根部，细长蠕虫形，长为1.0 ～ 1.4mm，幅宽0.03mm左右。

北方和南方均发生。二龄幼虫由植物根尖侵入吸取养分。雌性幼虫初期为香肠形，渐渐变大为梨形；雄性线虫成虫期线状。繁殖1代需25 ～ 30d，一年可繁殖多代。1只雌性成虫每次产500 ～ 600粒卵。干燥或低温的不良环境下产的卵抵抗力最强，大部分以卵的状态越冬。

（3）**防治方法**。

①线虫危害发生的栽培田3 ～ 4年不宜种植寄主作物。栽培非寄主作物后，翌年可再种植寄主作物，但几年后线虫又将恢复到危害密度。

②栽培之前确诊有无线虫，如有，可使用杀线虫的药剂进行防治。

③若前1年已发生线虫危害的田块，使用防治线虫的杀虫剂，翻耕后覆盖地膜，利用太阳热量提高地温，降低线虫密度。

④栽培之前浸水处理也可降低线虫密度。沙壤土需注意田水的流失。

甜瓜根结线虫防治药剂及安全施用间隔期见表5-13。

表5-13 甜瓜根结线虫防治药剂及安全施用间隔期

农药名称	制剂用药量	使用方法	每季最多施用次数	安全间隔期
0.5%阿维菌素颗粒剂	3 000 ～ 3 500g/亩	沟施	1次	—
10%噻唑膦颗粒剂	1 500 ～ 2 000g/亩	沟施	1次	—
40%氟烯线砜乳油	500 ～ 600mL/亩	土壤喷雾	1次	收获期
41.7%氟吡菌酰胺悬浮剂	0.05 ～ 0.06mL/株	灌根	1次	收获期

四、生理性病害及防控措施

1.发酵果

（1）**症状**。外观无特殊症状。切开果实，果肉成水渍状，有发酵味（图5-9）。

（2）**判断方法**。置于水中时，漂浮在水面上的为正常果，1道左右花纹浮于水面的为发酵果，2 ～ 2.5道花纹浮于水面的为轻微的发酵果。

（3）**病因**。

①低温。通常在5月之前发生，7—8月的高温季节不发生。

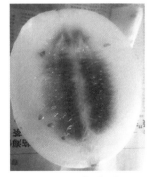

图5-9 发酵果

②日照不足。低温时期的弱光或遮光而导致生育温度低，生育期延迟。

③氮肥施用过量。氮素过剩，植株旺盛生长，钙素吸收受阻。

④嫁接。嫁接栽培过程中，过量施肥，长势旺盛，坐果数不足时发生。

⑤定植和坐果的影响。初期植株长势旺，常造成外皮成熟慢、果肉成熟快，从而产生发酵果。

⑥土壤水分的影响。高温、干燥，根系发育不良、生长弱等不良条件易引起发酵果。

⑦钾、钙的影响。钙素在果实中移动受阻。酸性土壤中吸收钙素难，沙壤土中钙素易流失。

（4）**对策**。果实膨大期，不能低温管理，应加强保温管理。避免氮钾施用过量，保持瓜株生长健壮。管理好浇水。避免过早栽培。适期早收，防止成熟过度，尤其是糖分含量高的品种。

2.裂果

（1）**症状**。进入果实膨大期后，常发生。常从瓜的脐部或蒂部形成环状开裂，也出现纵向或横向开裂，开裂部分易感染病菌，失去商品价值。

（2）**病因**。

①坐果期裂果。夜温突然下降或白天温度突然上升而发生。

②成熟期裂果。果实膨大期，水分管理不当时发生。如给干燥土壤突然浇水，土壤水分含量急剧上升。浇水不均匀，膨瓜肥水浇得过迟，在甜瓜果皮硬化后，遇到大水时表皮极易开裂；果实停止膨大时遇到大水，超过果皮的承受力时果皮开裂；另外，大棚大量进水，裂瓜现象出现多，尤其是网纹甜瓜易裂瓜（图5-10），水分含量管理是关键。

图5-10　裂　果

（3）对策。坐果或成熟期裂果。通过水分含量管理和换气的方法控制土壤水分含量及温度的突变。及时浇膨瓜水，膨瓜水浇后不能浇大水，采收前十余天，控制浇水量。在网纹甜瓜开始形成纵网纹时，严禁浇水，在横纹开始形成后可适量浇水，网纹形成后控制浇水。

3.畸形果

（1）**症状**。果梗部位的膨胀常发生畸形果，瓜形不正，出现扁平瓜、歪瓜、葫芦瓜等。

（2）**病因**。

①人工授粉或昆虫传粉时，授粉不均匀或花粉量不足，雌花的柱头着粉不均匀，子房发育不正常。

②前期温度过低，后期温度适宜，横向生长速度较快，形成扁平瓜。

③植株生长调节剂浓度过高，或使用不均匀，极易出现畸形果。

（3）**对策**。低温期保证光照，调节氮肥量，防止植株生长过度旺盛。进行人工授粉时要避免碰到柱头，授粉要尽量均匀；精确使用植物生长调节剂，正确掌握使用浓度和使用方法。

4.肚脐瓜

（1）**症状**。甜瓜果实花痕大，并膨大凸出的果实，称肚脐瓜。

（2）**病因**。

①栽培环境影响。低温、高温、干燥、过湿、光照不足、营养过剩等。

②激素影响。坐果剂处理浓度高或几种农药混配施用导致肚脐瓜。

（3）**对策**。花芽分蘖期适温管理。坐果剂浓度不能过高。

5.绿条斑瓜

（1）**症状**。从果梗附近开始产生5～8条呈放射状浓绿色条纹，条纹的颜色和程度大小不一。

（2）**病因**。氮肥过多、施肥量过多、湿度高、坐果少等。

（3）**对策**。均衡施肥，适当控制植株长势，坐果剂浓度不宜过高等。

6.僵苗

（1）**症状**。幼苗定植后缓苗期长，叶片呈现萎缩状，叶色偏深，茎秆细软，根系发黄，新根少。

（2）**病因**。土壤墒情较差，另外土壤水分含量过多、盐基含量过高、苗龄过长等也会引起定植后僵苗不发根。

（3）**对策**。提高整地整畦质量，做畦时应尽量把畦做平整，定植前补足墒情；适时定植，春季苗龄3叶1心，一般35～40d，秋季苗龄2叶1心，一般为12～15d；定植前对大棚进行灌水洗盐，尤其是连作大棚，土壤盐分含量高，必须进行洗盐，或实行水旱轮作；出现僵苗后要及时进行叶面喷施营养素，如动力2003等。

7.秧苗徒长

（1）**症状**。叶片显得大而薄，茎秆细，节间长，叶色淡；花芽分化晚且不正常，花芽数量少，易出现飞节现象，畸形花多且花弱小，不易坐瓜，在秋季栽培中易发生。

（2）**病因**。

①棚内光照不足，棚温过高，氮肥施用偏多，水分过多。

②育苗期间，苗床内温度过高，特别是夜温高，苗床水分过大都能引起苗徒长。

（3）**对策**。增强光照和降低棚内温度，加大昼夜温差；育苗期间夜温不要过高，一般在13～15℃；视情况而定，合理施肥，氮磷钾配合施用，控制浇水量。

8.热害

（1）**症状**。突然的高温引起植株茎蔓、叶片、生长点灼伤，呈白色透明状，以后叶片出现焦黄现象。

（2）**病因**。温度过高易发生热害，主要是由于揭膜通风不及时，棚内温度超过40℃，甚至高达50℃以上引起热害，特别在秋季栽培中易出现这种情况。

（3）**对策**。要及时通风散热，尤其是雨过天晴时不要忘记；一般大棚温度超过35℃时就应及时通风换气。在秋季连续高温时，可在大棚外加盖遮阳网，降低棚内温度。

9.化瓜

（1）**症状**。主要表现为雌花开放授粉后，子房不能迅速膨大，出现萎蔫、变黄干枯，小瓜发黄。

（2）**病因**。

①大棚内温湿度不稳定影响花粉发育和花粉管伸长。

②土壤肥水不良，雌花发育不良或植株生长过弱。

③种植密度过大，氮肥用量过多，整枝摘心不及时。

④雌花开放期间出现连续阴雨低温天气，棚内湿度过高，造成人工授粉困难，雌花授粉不良等。

（3）**对策**。合理密植，每亩栽植1 200～1 600株（因品种而异）；及时整枝摘心以调节营养生长和生殖生长，采用双蔓整枝孙蔓结瓜法，待子蔓长至20～22片叶时摘去顶心；雌花开放当日，在8：00～10：00进行人工授粉，早春遇到连续阴雨低温天气，采用氯吡脲处理，以防止化瓜。

10.僵果

（1）**症状**。甜瓜长至鸡蛋大小时不再膨大，明显小于正常瓜，外皮坚硬，成熟晚，失去商品价值。

（2）**病因**。

①坐瓜节位低，形成坠秧，果实长不大。

②坐瓜后没有及时浇膨瓜水，或基肥量不够，肥水条件不好，不能满足果实生长发育所需。

③整枝疏瓜不及时，植株生长细弱或出现疯秧。

④坐瓜后遇到较长时间的阴雨低温天气，使果实外皮僵化。

（3）**对策**。选择适宜的坐瓜节位。厚皮甜瓜适宜坐瓜节位在第12 ~ 15节；合理的肥水管理，待瓜坐稳后要浇一次膨瓜水，随水追肥，每亩施钾肥15 ~ 20kg。

11.花打顶

（1）**症状**。主要表现在生长点处节间呈短缩状，茎端密生小瓜，不见生长点长出，叶片密集，着生大量雄花，生长停滞，暂成封顶。

（2）**病因**。

①苗龄过长，蹲苗过狠，幼苗老化形成小老苗。

②苗期长期处于低温状态，根系发育差，植株生长受到抑制。

③土壤干旱，肥水供应不足，生长停止；施肥过多或伤根严重等。

（3）**对策**。精确计算安全定植期，苗龄不宜过长，春季3叶1心，一般35 ~ 40d，秋季苗龄2叶1心，一般为12 ~ 15d；氮磷钾配比合理，施足基肥，不追苗肥；浇透定植水，快速缓苗；定植后白天的温度控制在28 ~ 30℃，夜间15℃以上。

12.烧苗

（1）**症状**。

①根系弱小，根尖发黄，须根少且短，根系枯黄，不发新根，也不烂根。

②地上部叶片小，心叶皱缩，茎叶生长缓慢，叶面发皱，质脆，叶色暗绿无光泽，叶片边缘焦黄，植株矮小从而形成小老苗。

（2）**病因**。主要是育苗土肥料过多，或施用未腐熟的有机肥，土壤肥料溶液浓度过高，一般超过0.5%～1.0%就有可能发生；苗床土壤过分干燥也会烧苗。

（3）**对策**。制作营养土时，可仅加5%～10%的腐熟猪粪，切记不要用鸡粪，复合肥用量每立方米不超过2kg；大棚内要施用充分腐熟的有机肥作基肥，复合肥要用含硫的绝对不能用含氯的，施用量每亩不超过50kg，也可以开沟施肥，定植行腐熟肥料沟施，烧苗时要增加灌水量，降低土壤肥料溶液浓度。

13.冷害

（1）**症状**。植株叶片的叶缘部分似开水烫伤，叶片表皮组织发白呈水渍状，严重时干枯死亡。

（2）**病因**。主要发生在冬季和春季，气温偏低，遇到冷害和霜害。

（3）**对策**。育苗期间，床温不低于13℃；大棚内加强防寒预防低温，在寒流来前及时关闭棚门，在早春大棚栽培时，可采用大、中、小棚膜及草帘或无纺布加地膜覆盖，增强保温性。并可增施磷肥提高植株的抗寒能力。如植株出现轻微冻害，对植株叶面喷洒清水，使叶片内细胞间的冰融化，减轻冻害程度，在缓解害情后，可施氮肥，每亩施用尿素5kg。

14.沤根

（1）**症状**。沤根也称烂根，主要发生在育苗期间。表现为幼苗出土后不发新根，根系沤烂，茎叶生长受到抑制，叶片逐渐发黄，不发新叶（图5-11）。

（2）**病因**。冬春雨雪或阴雨天气较多，苗床温度过低，光照不足，湿度大，易出现沤根。另外，遇到连续阴雨天气前浇过大水、育苗土板硬等情况也易引起沤根。

（3）**对策**。连续阴雨天时不要浇水，防止土壤过湿；冬春季育苗在大棚内用电热线加温育苗，保证阴雨天气的土温；遇到连续阴雨天气时，可在床面上撒一层干土或草木灰，并盖严，降低床土的湿度；及时通风排湿，增加蒸发量；大棚做畦时畦面要

图5-11　沤　根

做平整，定植时不能太深，定植后发生沤根现象时，应及时松土，促进尽快发新根。

五、虫害

1.二斑叶螨

二斑叶螨（*Tetranychus urticae* Koch）属蜱螨目，叶螨科。全国各地均有分布。主要危害玉米、高粱、苹、梨、桃、杏、李、樱桃、葡萄、棉、豆等多种植物。

（1）**形态**。成螨身体为椭圆形，雌螨体长为0.4mm左右、雄螨体长为0.3mm左右。生长季节为白色、黄白色，体背两侧各具1块黑色长斑，取食后呈浓绿、褐绿色。滞育型体呈淡红色，体侧无斑。卵为球形，光滑，初产为乳白色，渐变橙黄色，4～5d后将孵化时现出红色眼点（图5-12）。

图5-12　成螨与卵

（2）**危害症状**。初期因密度低为害不明显，叶表面出现白色小斑点。随密度增加，叶背面出现成螨和幼螨集聚，叶片变小、变畸形，甚至变黄色，渐渐枯死。通常下面叶片病情严重。

（3）**生活习性**。在南方发生20代以上，在北方12～15代。30℃左右高温季节，且降雨少、干燥的环境下，卵变成螨需10d左右。在露地，春至初夏和秋天发生，盛夏和雨季发生少。在空气湿度高的环境下繁殖时间延长，在温室中，低温和雨季也可大量发生。

（4）**防治方法**。适宜的环境条件下繁殖旺盛，不能完全防治。在发生初期防治，螨类寄生在叶背面，施药时要对叶背面喷施。1种药剂或同类药剂连续使用时易产生抗药性，应轮换使用有效成分不同的药剂。发生严重时，成螨、幼螨、卵同时存在，因此必须定时喷施药液。也可利用智利小植绥螨防治。生产上常用的螨类防治药剂及安全施用间隔期见表5-14。

表5-14　生产上常用的螨类防治药剂及安全施用间隔期

农药名称	每亩制剂用药量	使用方法	每季最多施用次数	安全间隔期
1.8%阿维菌素乳油	2 000 倍	喷雾	2次	2d
24%螺螨酯悬浮剂	4 000 倍	喷雾	2次	3d
43%联苯肼酯乳油	2 000 倍	喷雾	2次	3d
5%噻螨酮乳油	2 000 倍	喷雾	2次	3d
99%矿物油乳油	150 倍	喷雾	2次	2d
110g/L乙螨唑悬浮剂	5 000 倍	喷雾	2次	3d
30%腈吡螨酯悬浮剂	2 000～3 000 倍液	喷雾	—	—
5% d-柠檬烯可溶液剂	200～300 倍液	喷雾	—	—
30%乙唑螨腈悬浮剂	3 000～6 000 倍液	喷雾	—	—

2.瓜蚜

瓜蚜 [*Aphis gossypii*（Glover）] 属半翅目，蚜科。发生非常普遍，主要危害石榴、花椒、木槿、棉及瓜类与鼠李属植物等。

（1）**形态**。无翅胎生雌蚜体长1.5～1.9mm，体色有黄、青、深绿、暗绿等。有翅胎生雌蚜体长1.2～1.9mm，有翅胎生雌蚜大小与无翅胎生雌蚜相近，体黄色、浅绿至深绿色（图5-13）。体色因吸汁成分不同而不同。

（2）**危害症状**。成虫和幼虫集聚在叶背面和嫩茎，吸食作物汁液，使叶片卷缩、停止生长。因排泄蜜露造成叶片变黑，严重时也会污染甜瓜，导致品质下降。

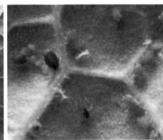

图5-13　瓜　蚜

（3）**生活习性**。以卵在花椒、木槿、石榴等越冬寄主上越冬。翌年春季越冬寄主发芽后，越冬卵孵化。孤雌生殖2～3代后，产生有翅胎生雌蚜，5月迁入甜瓜、黄瓜、西瓜等种植田开始危害。秋天又产生有翅蚜，迁回越冬寄主，产生雌蚜和雄蚜。雌雄蚜交配后，在越冬寄主枝条缝隙或芽腋处产卵越冬。在温暖的冬天也可孵化。一年可繁殖多代，春、秋季时10～14d，夏季时1周左右繁殖1代。

（4）**防治方法**。

①在田间悬挂黄色诱虫板进行诱杀。

②铺设银灰地膜驱避瓜蚜或在瓜田的一头悬挂银灰色薄膜驱赶有翅蚜。

③瓜蚜一般生在叶背面，施药时尽可能叶片正反面喷雾。

④施药时药剂防治时遵守《农药使用指南》。生产上常用的瓜蚜防治药剂及安全施用间隔期见表5-15。

表5-15 生产上常用的瓜蚜防治药剂及安全施用间隔期

农药名称	每亩制剂用药量	施药方法	每季最多使用次数	安全间隔期
10%溴氰虫酰胺可分散油悬浮剂	33.3 ～ 40mL	喷雾	3次	5d
10%氟啶虫酰胺水分散粒剂	30 ～ 50g	喷雾	2次	3d
70%啶虫脒水分散粒剂	2 ～ 4g	喷雾	2次	10d
50g/L双丙环虫酯可分散液剂	10 ～ 16mL	喷雾	2次	3d
40%氟虫·乙多素水分散粒剂	10 ～ 14g	喷雾	2次	7d

3.蓟马类

瓜蓟马（*Thrips palmi* Karny）属缨翅目，蓟马科，其体型小，多食性害虫，是烟草、芝麻、豇豆、豌豆、辣椒、黄瓜、甜瓜、西瓜和葫芦科等作物上的主要害虫。西花蓟马 [*Frankliniella occidentalis* (Pergande)] 又称苜蓿蓟马，属缨翅目，蓟马科，是蔬菜、花卉等作物上具有毁灭性危害的世界性入侵害虫。

（1）形态。

①瓜蓟马。成虫体长，雌虫为1.0 ～ 1.4mm，雄虫为0.8 ～ 1.0mm。成虫为黄色，幼虫为白色或淡黄色。幼虫的体长为0.3 ～ 1.3mm。卵为透明白色，体长极小，肉眼观察不到。与西花蓟马相比，体小，颜色也更深，腹部无长毛丛。

②西花蓟马。雄成虫体长1.0 ～ 1.2mm，身体颜色为亮黄色。雌成虫略大，长1.4 ～ 1.7mm，身体颜色从红黄色到棕褐色，腹节黄色，通常有灰色边缘（图5-14）。

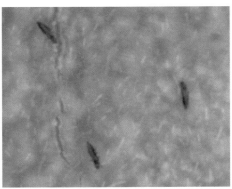

图5-14　蓟　马

（2）**危害症状**。

①瓜蓟马。危害生长点时，植物生长缓慢，寄生于叶片背面吸取汁液，被害叶片部分显黄色斑点。成瓜受害后，瓜皮有斑痕。

②西花蓟马。主要在连作栽培田里出现。成瓜受害后，有针点状斑痕。

（3）**生活习性**。

①瓜蓟马。卵散产于植物叶肉组织内，幼虫在植物体内生长发育。两性生殖和单性生殖共存，繁殖极快，每只总产卵数50～100个，在温室内一年可繁殖20代左右。卵、幼虫、蛹、成虫的生长发育最佳温度均为11℃左右，但发育天数有所差异，在20～25℃时，从卵发育至成虫需14～18d。

②西花蓟马。卵散产于植物叶肉组织内，产卵量多于瓜蓟马。2龄幼虫在地下经过第1、第2蛹期后羽化，需18d（25℃）。成虫寿命长于瓜蓟马，约为60d。

（4）**防治方法**。

①蓝板诱杀。蓟马具有趋蓝色习性，可将蓝板悬挂或插在大棚内，每间隔10m左右置1块，高70～100cm，略高于作物10～30cm，可减少成虫产卵和危害。

②避免种植带有蓟马的种苗，发生密度低时用药剂防治，施药时应喷施叶片正反面及地表。生产上常用的蓟马防治药剂及安全施用间隔期见表5-16。

表5-16 生产上常用的蓟马防治药剂及安全施用间隔期

农药名称	每亩制剂及用药量	使用方法	每季最多使用次数	安全间隔期
10%溴氰虫酰胺可分散油悬浮剂	33.3 ~ 40mL	喷雾	2次	5d
25%噻虫嗪水分散粒剂	8 ~ 15g	喷雾	2次	7d
60g/L乙基多杀菌素悬浮剂	10 ~ 20mL	喷雾	2次	5d
20%呋虫胺可溶粒剂	20 ~ 40g	喷雾	2次	3d
40%氟啶·吡蚜酮水分散粒剂	12.5 ~ 20g	喷雾	2次	3d
40%氟虫·乙多素水分散粒剂	10 ~ 14g	喷雾	2次	7d

4.瓜绢螟

瓜绢螟（*Diaphania indica* saunders）属鳞翅目，螟蛾科，又名瓜螟、瓜野螟，主要危害葫芦科各种瓜类及番茄、茄子等蔬菜。

（1）**形态**。幼虫体长为23 ~ 25mm，头部、前胸背板淡褐色，胸腹部草绿色，亚背线呈2条较宽的乳白色纵带。成虫体长10mm左右，展开翅膀后为22 ~ 23mm，前、后翅白色透明，略带紫色，前翅前缘和外缘、后翅外缘呈黑色宽带（图5-15、图5-16）。

（2）**危害症状**。低龄幼虫在叶背啃食叶肉，被害叶片呈灰白斑。3龄后吐丝将叶或嫩梢缀合，居其中取食，使叶片穿孔或缺刻，严重的仅留叶脉。无可取食的叶片时，蛀入瓜内，影响产量和质量。

（3）**生活习性**。第1代成虫发生在6月，雌蛾产卵于叶背，散产或几粒在一起。7月下旬第2代成虫发生，之后世代重叠。喜高温，宜在25℃以上环境下生长。

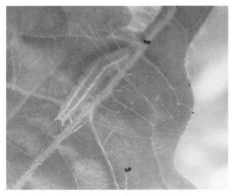
图5-15 瓜绢螟幼虫

图5-16 瓜绢螟成虫

（4）**防治方法**。卵孵化盛期至低龄幼虫期为最佳防治时期。幼虫多寄生在叶背，施药时应注意药液充分喷施至叶背。生产上常用的瓜绢螟防治药剂及安全施用间隔期见表5-17。

表5-17 生产上常用的瓜绢螟防治药剂及安全施用间隔期

农药名称	每亩制剂及用药量	使用方法	每季最多使用次数	安全间隔期
1%甲氨基阿维菌素苯甲酸盐微乳剂	15～20mL	喷雾	2次	7d
15%茚虫威悬浮剂	12～18mL	喷雾	2次	7d
60g/L乙基多杀菌素悬浮剂	20～40mL	喷雾	2次	5d
5%氯虫苯甲酰胺悬浮剂	30～60mL	喷雾	2次	10d
10%溴氰虫酰胺可分散油悬浮剂	19.3～24mL	喷雾	2次	5d

5.甜菜夜蛾

甜菜夜蛾 [*Spodoptera exgua*（Hübner）] 属鳞翅目，夜蛾科，是一种世界性害虫，主要危害萝卜、马铃薯、瓜类、豆类、茴香、韭菜、菠菜、芹菜、胡萝卜、白菜、莴笋、甘蓝等作物。

（1）**形态**。成虫体长为15～20mm，翅展为25～30mm，前翅为灰褐色，翅中央有黄色斑点，侧边有肾纹。幼虫体长为35mm左右，体色为黄绿色至黑褐色，通常为绿色（图5-17、图5-18）。

图5-17　甜菜夜蛾成虫　　　　图5-18　甜菜夜蛾幼虫

（2）**危害症状**。成虫每次产20～50个卵块，幼虫在叶表皮上集中危害，但3龄后，分散危害，食量大增，昼伏夜出，危害叶片成孔缺刻状，严重时，可吃光叶肉，仅留叶脉，甚至剥食茎秆皮层。

（3）**生活习性**。通常每年发生4～5次，在25℃环境下卵发育至成虫需28d左右，雌成蛾产卵期3～5d，每只可产100～600粒卵。

（4）**防治方法**。

①摘除卵块，人工捕杀幼虫，利用趋光性用黑光灯诱杀成虫或使用性诱剂防治夜蛾。

②1～2龄幼虫期对药剂比较敏感，尽可能选择在3龄幼虫期前防治。生产上常用的甜菜夜蛾防治药剂及安全施用间隔期见表5-18。

表5-18　生产上常用的甜菜夜蛾防治药剂及安全施用间隔期

农药名称	每亩制剂用药量	使用方法	每季最多使用次数	安全间隔期
1%甲氨基阿维菌素苯甲酸盐微乳剂	15～20mL	喷雾	2次	—
150g/L茚虫威悬浮剂	12～18mL	喷雾	2次	—

农药名称	每亩制剂用药量	使用方法	每季最多使用次数	安全间隔期
10亿PIB/mL苜蓿银纹夜蛾核型多角体病毒悬浮剂	100 ～ 150mL	喷雾	2次	—
60g/L乙基多杀菌素悬浮剂	20 ～ 40mL	喷雾	2次	—
5%氯虫苯甲酰胺悬浮剂	30 ～ 60mL	喷雾	2次	10d
10%溴氰虫酰胺可分散油悬浮剂	19.3 ～ 24mL	喷雾	2次	5d
240g/L虫螨腈悬浮剂	30 ～ 50mL	喷雾	2次	2d

6.黄足黄守瓜

黄足黄守瓜 [*Aulacophora indica* (Gmelin)] 属鞘翅目、叶甲科。主要危害瓜类，也可危害十字花科、茄科、豆科等蔬菜。

（1）形态。

①成虫。长卵形，后部略膨大，体长7 ～ 8mm。全体橙黄色或橙红色，有时略带棕色，上唇栗黑色，复眼、后胸和腹部腹面均呈黑色。触角丝状，约为体长之半，触角间隆起似脊。前胸背板宽约为长的2倍，中央有一弯曲深横沟。鞘翅中部之后略膨阔，刻点细密，雌虫尾节臀板向后延伸，呈三角形突出，露在鞘翅外，尾节腹片末端呈角状凹缺；雄虫触角基节膨大如锥形，腹端较钝，尾节腹片中叶长方形，背面为一大深洼。雌虫尾节臀板向后延伸，呈三角形突出；尾节腹片呈三角形凹缺。

②卵。卵圆形，长约1mm，淡黄色。卵壳背面有多角形网纹。

③幼虫。长约12mm，初孵时为白色，以后头部变为棕色，胸、腹部为黄白色，前胸盾板黄色。各节生有不明显的肉瘤。腹部末节臀板长椭圆形，向后方伸出，上有圆圈状褐色斑纹，并有4条纵行凹纹。

④蛹。纺锤形，长约9mm。黄白色，接近羽化时为浅黑色。各腹节背面有褐色刚毛，腹部末端有粗刺2个（图5-19）。

（2）**危害症状**。成虫食性广，取食瓜苗的叶和嫩茎，也危害花及幼瓜，叶片上呈干枯环、半环形食痕或圆形孔洞等危害症状。幼虫在土中咬食瓜根，导致瓜苗整株枯死，还可蛀入接近地表的瓜内为害。

图5-19 黄足黄守瓜成虫

（3）**生活习性**。一年发生1～4代，以成虫在向阳的枯枝落叶、草丛、田埂土坡缝隙中、土块下等处群集越冬，翌年春天3—4月开始活动。成虫喜温好湿，耐热性强，受惊即飞，有假死性，阴天不活动，卵产于瓜根附近的潮湿土壤中。幼虫孵化后可危害细根，3龄以后钻入主根、贴地面的瓜果蛀食，可转株危害。老熟后在土中化蛹，7月羽化为成虫。

（4）**防治方法**。

①防治黄足黄守瓜首先要抓住成虫期，可利用趋黄习性，用黄盆诱集，以便掌握发生期，及时进行防治；防治幼虫时，可在瓜苗初见萎蔫时及早施药。苗期受害影响较成株大，应列为重点防治时期。

②春季将瓜类秧苗间种在冬作物行间，能减轻危害。

③合理安排播种期，以避过越冬成虫危害高峰期。

④网罩法。利用纱窗布（新、旧纱窗布均可）做成一个网罩，罩住瓜类幼苗，网罩下方用土块压紧，网罩与地面接触尽量不要留缝隙，以躲避黄足黄守瓜对瓜类幼苗的严重危害。当瓜苗长大后，将网罩撤掉，叠好收藏，以备来年再用。

（5）**撒草木灰法**。对于幼小的瓜苗，在早上露水未干时，将草木灰撒于瓜苗上，能驱避黄足黄守瓜成虫。

（6）**瓜类幼苗移栽前后，视害虫发生情况，及时用药**。生产上常用的黄足黄守瓜防治药剂见表5-19。

表5-19　生产上常用的黄足黄守瓜防治药剂

农药名称	每亩制剂用药量	使用方法
5.7%氟氯氰菊酯乳油	2 000倍	成虫喷雾、幼虫灌根
3%啶虫脒乳油	1 000倍	成虫喷雾、幼虫灌根
50%辛硫磷乳油	1 000 ~ 1 500倍	灌根
10%溴氰虫酰胺可分散油悬浮剂	24 ~ 40mL	喷雾
60%呋虫·哒螨灵水分散粒剂	10 ~ 12g	喷雾

7.南美斑潜蝇

南美斑潜蝇 [*Liriomyza huidobrensis*（Blanchard）] 属双翅目，潜蝇科。分布在北半球温带地区，近年已蔓延到欧洲和亚洲。1994年，该虫随我国引进花卉进入云南昆明，从花卉圃场蔓延至农田。在豌豆、甘蓝、丝瓜、黄瓜、甜瓜、茄科、四季豆、瓢瓜、十字花科等蔬菜和一些杂草上普遍或严重危害。

（1）形态。成虫头部、胸部及腿部显黄色，其余为光亮黑色。雌虫较雄虫稍大。卵乳白色，椭圆形。幼虫共3龄，体蛆形，虫体两侧紧缩。初孵无色，稍透明，到末龄幼虫，虫体呈浅黄色。蛹呈卵形，腹部稍扁平，3mm大小，蛹初期呈黄色，逐渐加深直至深褐色（图5-20、图5-21）。

图5-20　成　蝇

图5-21　蛹

（2）**危害症状**。成虫以产卵器刺伤叶片，将把卵产在伤孔表皮下，孵化后的幼虫在叶片上、下表皮之间潜食叶肉。叶片被蛀食后仅留上下表皮而形成蛇形隧道，隧道随虫龄渐大由窄变宽，黑色粪便留在隧道中呈线状。瓜苗被危害后，轻者影响光合作用，重者叶片枯萎，直至整株枯死。老熟幼虫在叶内（隧道末端）化蛹。成虫除了产卵，还通过产卵器吸食叶片汁液，被害叶片上出现白色斑点。

（3）**生活习性**。南美斑潜蝇喜温暖干旱，不耐高温，嗜食好氮作物，成虫白天晴天活动，风雨日及夜间栖息，栖息场所主要是植物的隐蔽处。成虫以产卵器刺伤叶片，吸食汁液。雌虫把卵产在部分伤孔表皮下，卵经 2～5d 孵化，幼虫期 4～7d，末龄幼虫咬破叶表皮在叶外或土表下化蛹，蛹经 7～14d 羽化为成虫。在 15℃ 环境下，卵发育至成虫需 47～48d；在 20℃ 下，需 23～28d；在 25℃ 下，需 14～15d；在 30℃ 下，需 11～13d。温度上升，发育期缩短。生育零点温度，卵 7℃，幼虫 8℃，蛹 10℃；上限温度为 35℃ 左右。在露地是否可越冬，现未确定。但在设施栽培田里一年发生 15 代以上。

（4）**防治方法**。

①采用灭蝇纸诱杀成虫，在成虫始盛期至盛末期，每亩悬挂 15 张诱虫纸。

②选择无虫害的健康种苗种植为最佳防治方法。

③施喷药剂防除土壤里的蛹、孵化的卵。生产上常用的南美斑潜蝇防治药剂及安全施用间隔期见表 5-20。

表5-20 生产上常用的南美斑潜蝇防治药剂及安全施用间隔期

农药名称	每亩制剂用药量	使用方法	每季最多使用次数	安全间隔期
1.8%阿维菌素乳油	40～80mL	喷雾	3次	3d
10%灭蝇胺悬浮剂	115～150mL	喷雾	2次	7d

（续）

农药名称	每亩制剂用药量	使用方法	每季最多使用次数	安全间隔期
10%溴氰虫酰胺可分散油悬浮剂	14 ~ 18mL	喷雾	2次	3d
25%乙基多杀菌素水分散粒剂	11 ~ 14g	喷雾	1次	1d

8. 温室白粉虱

温室白粉虱 [*Trialeurodes vaporariorum*（Westwood）] 属半翅目，粉虱科。主要寄生于黄瓜、菜豆、茄子、番茄、青椒、甘蓝、甜瓜、西瓜、花椰菜、白菜、油菜、萝卜、莴苣、魔芋、芹菜等200余种作物。

（1）形态。成虫体长1.4mm左右，淡黄色。翅面覆盖白蜡粉。卵长约0.2mm，侧面观长椭圆形，基部有卵柄。初产淡绿色，覆有蜡粉，然后渐变褐色，孵化前呈青蓝色。幼虫有3龄，其1龄若虫紧贴在叶片上营固着生活；蛹0.7 ~ 0.8mm，椭圆形，体背有长短不齐的蜡丝，体侧有刺（图5-22）。

图5-22　温室白粉虱

（2）**危害症状**。成虫和幼虫吸食植物汁液，被害叶片褪绿、变黄、萎蔫，甚至全株枯死。白粉虱繁殖能力强，繁殖速度快，群聚危害，并分泌大量蜜液，抑制植物光合作用，使产品商品价值降低。

（3）**生活习性**。成虫有趋嫩性，喜嫩叶，羽化后 1～3d 可交配产卵，平均每只雌虫产卵 142.5 粒。卵以卵柄从叶背的气孔插入叶片组织中，与寄主保持水分平衡，不易脱落。若虫孵化后 3d 内在叶背可做短距离行走，当口器插入叶组织后就失去爬行机能，开始营固着生活。卵发育至成虫需 3～4 周，其繁殖力强，繁殖速度快，种群数量庞大，群聚危害。在温室，全年均可危害。

（4）**防治方法**。利用白粉虱的趋黄习性，在发生初期，将黄板涂机油挂于甜瓜植株行间，诱杀成虫。

喷施农药时要均匀，尤其是喷施叶背和植株中下部叶背，提高杀虫效果。生产上常用的温室白粉虱防治药剂及安全施用间隔期见表5-21。

表5-21　生产上常用的温室白粉虱防治药剂及安全施用间隔期

农药名称	每亩制剂用药量	使用方法	每季最多使用次数	安全间隔期
10%溴氰虫酰胺可分散油悬浮剂	43～57mL	喷雾	3次	3d
20%呋虫胺可溶粒剂	50g	喷雾	2次	3d
5% d-柠檬烯可溶液剂	100～125mL	喷雾	—	—
25%噻虫嗪水分散粒剂	10～12.5g	喷雾	4次	5d

附　　录

蛋黄油的制作及施用方法

（1）防治对象。

0.3% ~ 0.9%蛋黄油溶液可防治白粉病、螨虫、蚜虫、蓟马等病虫害。

（2）材料准备。

菜籽油、向日葵油等食用油，蛋黄，搅拌机。

（3）制作方法。

①蛋黄里加适量水，用搅拌机搅拌4 ~ 5min。
②再加食用油，搅拌4 ~ 5min。
③用适量水稀释后喷施。

（4）施用方法。

①预防为目的时，0.3%溶液，10 ~ 14d喷1次。
②防治为目的时，0.6% ~ 0.9%溶液，5 ~ 7d喷1次。
注意：蛋黄油充分接触植株时才能显效，因此喷施量为一般农药喷施量的1.5 ~ 2倍。

附表1　食用油和蛋黄的添加比例

材料	预防为目的（0.3%溶液）		
	20L	200L	500L
食用油	60mL	600mL	1 500mL
蛋黄	1个（约15mL）	10个	15个

（5）注意事项。

①晴天上午施用效果更佳。

②冬季及高温季节施用，可能会出现生长抑制、叶斑等病害。因此，最低温度低于5℃及最高温度高于35℃时禁用。

③蛋黄油对不同作物、不同栽培方式、不同生育期效果不同。因此，大面积使用前，需对甜瓜进行小面积喷施，观察其效果及安全性。

参考文献

郭予元，吴孔明，陈万权，2014. 中国农作物病虫害（中册）[M]. 北京：中国农业出版社.

国家标准化管理委员会，国家质量监督检验检疫总局，2013. 良好农业规范第1部分：术语：GB/T 20014.1—2013 [S]. 北京：中国标准出版社.

国家标准化管理委员会，国家质量监督检验检疫总局，2013. 良好农业规范第2部分：农场基础控制点与符合性规范：GB/T 20014.2—2013 [S]. 北京：中国标准出版社.

国家标准化管理委员会，国家质量监督检验检疫总局，2013. 良好农业规范第3部分：作物基础控制点与符合性规：GB/T 20014.3—2013 [S]. 北京：中国标准出版社.

国家标准化管理委员会，国家质量监督检验检疫总局，2013. 良好农业规范第5部分：水果和蔬菜控制点与符合性规范：GB/T 20014.5—2013 [S]. 北京：中国标准出版社.

国家环境保护部，国家质量监督检验检疫总局，2012. 环境空气质量标准：GB 3095—2012 [S]. 北京：中国标准出版社.

国家卫生健康委员会，农业农村部，国家市场监督管理总局，2019. 食品安全国家标准　食品中农药最大残留限量：GB 2763—2019 [S]. 北京：中国农业出版社.

吕佩珂，1992. 中国蔬菜病虫原色图谱[M]. 北京：农业出版社.

吕佩珂，1996. 中国蔬菜病虫原色图谱续集[M]. 北京：中国农业出版社.

马克奇，马德伟，1982. 甜瓜栽培与育种[M]. 北京：农业出版社.

齐三魁，吴大康，林德佩，1991. 中国甜瓜[M]. 北京：科学普及出版社.

王坚，2000．中国西瓜甜瓜[M].北京：中国农业出版社．

赵学平，王强，2016.大棚草莓良好农业规范（GAP)栽培指南 [M].北京：中国大百科全书出版社．

郑永利，戚红炳，陆剑飞，2005.西瓜与甜瓜病虫原色图谱[M]．杭州：浙江科学技术出版社．

中华人民共和国农业部，2016.无公害农产品　种植业产地环境条件：NY/T 5010—2016 [S].北京：中国农业出版社．

图书在版编目（CIP）数据

大棚甜瓜良好农业规范栽培指南/赵学平，王强，张宏军主编 . —北京：中国农业出版社，2022.1
（良好农业规范（GAP）栽培指南系列丛书）
ISBN 978-7-109-28871-3

Ⅰ.①大…　Ⅱ.①赵…②王…③张…　Ⅲ.①甜瓜-大鹏栽培-技术规范　Ⅳ.①S627.4-65

中国版本图书馆CIP数据核字（2021）第212507号

中国农业出版社出版
地址：北京市朝阳区麦子店街18号楼
邮编：100125
责任编辑：杨晓改　耿韶磊
版式设计：王　晨　责任校对：吴丽婷
印刷：北京中科印刷有限公司
版次：2022年1月第1版
印次：2022年1月北京第1次印刷
发行：新华书店北京发行所
开本：700mm×1000mm　1/16
印张：6.5
字数：150千字
定价：58.00元